都市再開発の 法律・会計・税務・ 権利変換の評価

EY新日本有限責任監査法人／EY税理士法人
EYストラテジー・アンド・コンサルティング株式会社／EY弁護士法人　編

中央経済社

刊行にあたって

不動産の都市再開発事業は，土地利用の非効率，建物の老朽化および耐火性の欠如，公共施設の不足といったわが国の抱える都市問題を解決する手段として定着し，実施事例も増加しています。

再開発されたオフィスや商業施設の華々しい開業の裏には，長期にわたる地道な話し合いや，その結果としての様々な調整があります。都市再開発事業を成功させるには，権利者，行政，近隣住民，不動産デベロッパーといったステークホルダーのすべてがメリットを得られる「絵」を描けるかが重要であり，その「絵」を描くためには都市再開発法をはじめとした法律の理解，税務の理解，会計の理解，権利変換のための資産評価の理解が不可欠なステップとなります。

それにもかかわらず，これらについて包括的に解説した書籍はあまり目にしませんでした。幸いにもEY Japanのメンバーファーム（EY新日本有限責任監査法人，EY税理士法人，EY弁護士法人，EYストラテジー・アンド・コンサルティング株式会社）にはこれらを包括的にカバーできるプロフェッショナルが所属しています。

第１章では，都市再開発の実施データと代表的な開発事例に触れながら都市再開発事業の動向とその背景および特殊性を紹介しています。

第２章では，その法制度について「実例紹介」を用いながら解説しています。

第３章から第７章では，多様な論点がある都市再開発の会計・税務の全体像を示したうえで，第一種市街地再開発事業に関する会計および税務について，それぞれのステークホルダーの立場から解説し，さらに，第８章では，土地区画整理事業の会計および税務についても解説しています。

第９章では，地権者にとって最も重大な関心事である権利変換のための従前資産と従後資産の評価について解説しています。

最後の第10章では，都市再開発についてESG，スマートシティ，働き方改革といった切り口からも紹介しています。

なお，文中意見に係る部分は執筆者の私見であり，各社の公式の見解ではないことをあらかじめご了承下さい。

本書籍が，より暮らしやすい都市の創出に尽力され，日々活躍しておられる皆様の一助になれば幸いです。

EY Japanのナレッジがよりよい社会の構築に貢献できることを願っております。

2021年３月

編集者代表
EY新日本有限責任監査法人
不動産セクターナレッジリーダー
小島　亘司

目　次

凡例

法令規則等の名称	本文中	文末等括弧内
法人税法	法人税法	法法
法人税法施行令	法令	同左
都市計画法	都市計画法	
都市再開発法	都市再開発法	都再法
都市再開発法施行令	都市再開発法施行令	都再令
法人税基本通達	法人税基本通達	法基通
所得税法	所得税法	所法
所得税法施行令	所得税法施行令	所令
消費税法基本通達	消費税法基本通達	消基通
租税特別措置法	租税特別措置法	措法
租税特別措置法施行令	租税特別措置法施行令	措令
租税特別措置法施行規則	租税特別措置法施行規則	措規
租税特別措置法関係通達	租税特別措置法関係通達	措通
地方税法	地方税法	地法
登録免許税法	登録免許税法	登免法
登録免許税法施行令	登録免許税法施行令	登免令
土地区画整理法	土地区画整理法	区画法
固定資産の減損に係る会計基準	減損会計基準	同左
固定資産の減損に係る会計基準の適用指針（企業会計基準適用指針第６号）	減損適用指針	減損適用指針
会計方針の開示，会計上の変更及び誤謬の訂正に関する会計基準（企業会計基準第24号）	会計方針の開示，会計上の変更及び誤謬の訂正に関する会計基準	過年度遡及会計基準
棚卸資産の評価に関する会計基準（企業会計基準第９号）	棚卸資産会計基準	同左
販売用不動産等の評価に関する監査上の取扱い（監査・保証実務委員会報告第69号）	監委第69号	同左

第1章

都市再開発事業の動向

本章のポイント

近年，再開発事業は行政，権利者，地域住民，資金供給者といった様々なステークホルダーを満足させながらわが国が抱える都市問題を解決させる有力な手段として定着しつつあり，実施件数も増加の一途をたどっている。
一方，その特殊性ゆえに，事業推進にあたっては，不動産実務に加えて法務，会計，税務など広範囲にわたる専門知識を総動員し，個々の案件に応じた事業計画を立案しなければならない。次章以降の専門各分野の解説の前に，本章では，都市再開発事業の動向や，事例および特殊性について概観したい。

1 本書の目的と構成

都市再開発事業とは，市街地再開発事業や土地区画整理事業など（その根拠とする法律に基づいて分類される。それぞれの仕組みなど詳細については第2章参照），土地の高度利用，都市機能の更新，公共施設の整備等を行う事業の総称である。都市再開発事業においては，従前土地建物所有者，賃借人，施行主体など，それぞれ立場の異なる関係者によって，法務，会計，税務，あるいは価値評価という多様な要因が考慮されることになるが，本書はこれらについて解説することを目的としている。

都市再開発事業を遂行する際には，従前の関係権利者が所有・使用する不動産について，単純な売買取引以外の様々な手法により，所有使用形態が変更されるケースが多い。

通常の不動産取引では，関係権利者それぞれの価値評価を基礎として，双方の自由意思に基づく契約によって取引を行い，定められた原則あるいはルールに従って会計・税務処理を行えば足りるが，都市再開発事業の実務はこれらと異なり，例えば，各関係権利者はその権利に応じて再開発ビル（権利床）を取得する，あるいは補償金を受領して転出する等の意思決定をし，会計，税務等の適切な対応を行う必要がある。

また，多くの関係権利者が存在する再開発事業の検討，推進は各権利者の利害を調整し，合意を形成して行う必要があり，これには権利変換に関する法制度の十分な理解が求められる。さらに，権利変換計画の作成においては従前資産および従後資産の評価も重要となる。

本書では，再開発事業の法的枠組みおよびそれに関する会計，税務，評価に関する実務上のポイントを解説する。再開発事業の法的枠組みについては第2章，権利者，借家人，保留床取得者等の会計・税務については第3，4，5，6章，再開発組合の会計・税務については第7章，土地区画整理事業の会計・税務については第8章，従前資産および従後資産の評価については第9章を参照されたい。

本書の主な読者層としては，再開発事業に関わる関係者を想定している。例えば，再開発事業に関わるデベロッパーや不動産会社の方々，再開発事業において権利者となり得る事業会社の方々，さらには開発資金や事業資金を融資するファイナンサーの方々である。それぞれの立場によって，関心がある論点は異なる可能性があるものと考えられるので，下表を参考としていただきたい。なお，下表は，第一種市街地再開発事業において想定される利害関係者ごとに，優先的な通読が推奨される章（○），必要な部分または関連性のある部分についての通読が推奨される章（△）を示している。

	所有権者・借地権者（担保権者）		借家人		保留床取得者（参加組合員）	ファイナンサー	施行者
	[権利変換]	[地区外転出]	[再入居]	[地区外転出]			
第1章 都市再開発事業の動向	○	○	○	○	○	○	○
第2章 都市再開発事業の手法・法律	○	○	○	○	○	○	○
第3章 都市再開発事業の会計・税務	○	○	○	○	○	○	○
第4章 第一種市街地再開発事業における権利者の会計・税務	○	△	○	△	△	△	○
第5章 第一種市街地再開発事業における転出者の会計・税務	△	○	△	○	△	△	○
第6章 第一種市街地再開発事業における保留床取得者の会計・税務と会計上の資産評価	△	△	△	△	○	△	○
第7章 市街地再開発組合の会計・税務	△	△	△	△	△	△	○
第8章 土地区画整理事業の会計・税務	△	△	△	△	△	△	○
第9章 第一種市街地再開発事業における権利変換のための従前資産と従後資産の評価	○	○	△	△	○	○	○
第10章 都市再開発事業に関するその他トピック	○	△	△	△	○	○	○

（上表は，第一種市街地再開発事業による利害関係者を想定）

○優先的な通読が推奨される章

△必要な部分または関連性のある部分についての通読が推奨される章

2 大都市圏における再開発事業の動向

(1) 市街地整備手法

現在のわが国における既成市街地は，低未利用地の高度利用の促進，防災上危険な密集地の解消等の課題を抱えている。これらの課題に対応するために，土地区画整理事業や市街地再開発事業等といった，都市基盤の整備や街区の再編を行う市街地整備手法が活用されている。

① 土地区画整理事業

土地区画整理事業は，土地区画整理法に基づき，道路，公園，河川等の公共施設を整備・改善し，土地の区画を整備し宅地の利用増進を図る事業である。一般的な土地区画整理事業では，従前の地権者が自身の土地の一部を提供し，この土地が公共施設用地に充てられるほか，その一部は売却され，事業費に充てられる。

② 市街地再開発事業

一方，市街地再開発事業は，都市再開発法に基づき，細分化された敷地の併合，共同建築物の建築，公共施設の整備等を行うことにより，都市における土地の合理的かつ健全な高度利用と都市機能の更新を図ることを目的としている。一般的な市街地再開発事業では，従前の権利者の権利は，原則として等価で新しく建築される再開発ビルの権利（権利床）に置き換えられ，施行者であるデベロッパー等は，高度利用で新たに生み出された床（保留床）を処分し，保留床処分金が事業費に充当される。

(2) 市街地再開発事業の実施件数

市街地整備手法のうち，大都市圏における再開発事業では建物の建替えを行う市街地再開発事業の活用が多くみられる。

都市再開発法の施行以降，全国における市街地再開発事業の実施件数は着実に増加しており，2019年3月末時点までの都市計画決定地区数は累計で1,100件を超えている。リーマン・ショックの影響から回復したとみられる2011年以降，年間15件から30件程度の都市計画決定がなされている（図表1－1）。

図表1－1　市街地再開発事業の実施件数（全国）

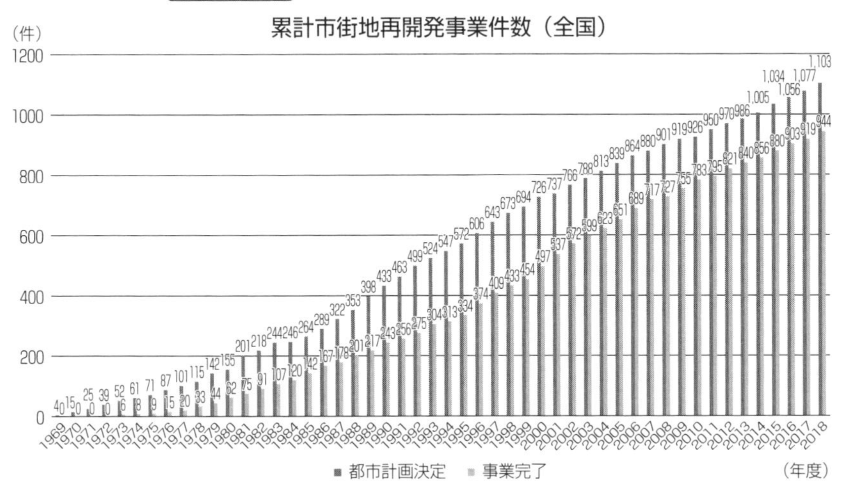

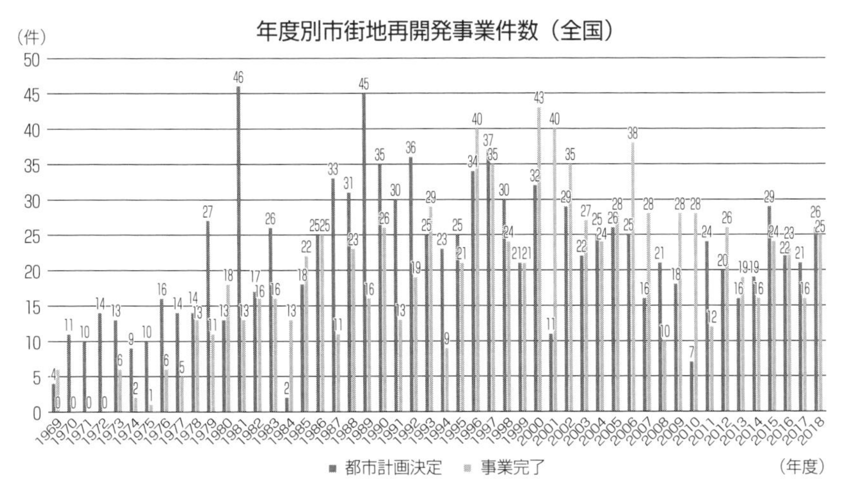

（出所）国土交通省ホームページ「市街地再開発事業」資料をもとに筆者にて作成

東京都における市街地再開発事業の実施件数に着目すると，2002年以降，年度当たりの都市計画決定件数は減少傾向にあったが，近年は増加傾向にある。2017年度には過去最大件数となる15件の都市計画決定がなされている（図表１－２）。

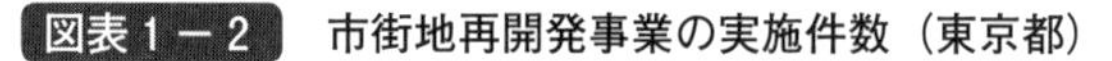

図表１－２　市街地再開発事業の実施件数（東京都）

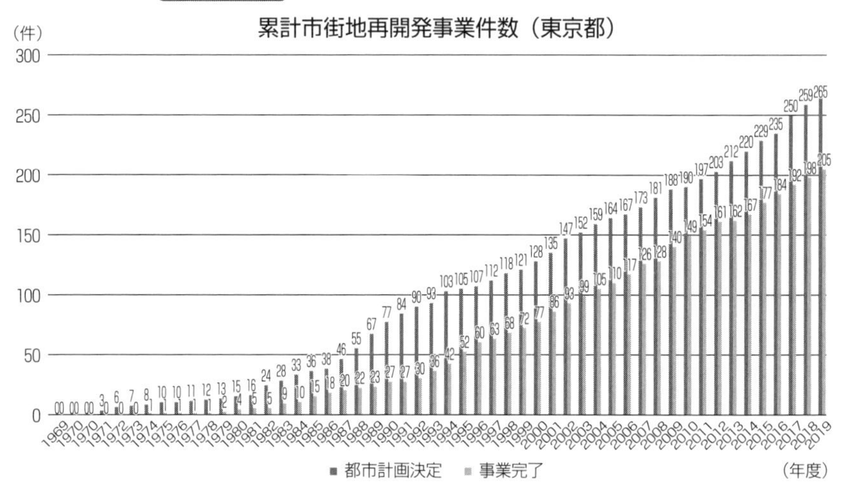

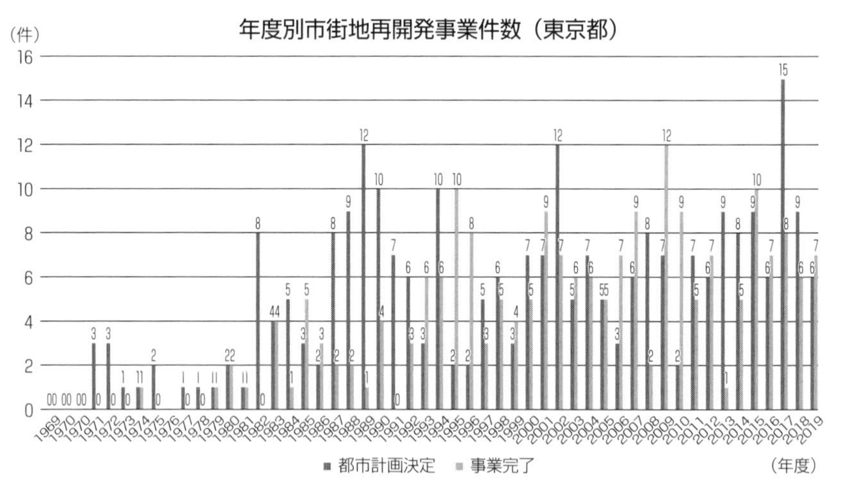

（出所）　東京都都市整備局ホームページ　市街地再開発事業地区一覧をもとに筆者にて作成

特に都心5区（千代田区，中央区，港区，新宿区，渋谷区）における市街地再開発事業が活発に行われており，丸の内，大手町，八重洲，日本橋といった東京駅周辺エリアや，虎ノ門，赤坂，神谷町周辺エリアでは複数の再開発計画が進捗している。

(3) 大規模再開発事業の事例

現在，大都市圏中心地で進められている再開発事業には，インフラ設備の整備等を含む大規模な事例が複数みられる。以下では，現在進捗中の大規模な再開発事業の事例を紹介する。

① 大手町二丁目常盤橋地区

東京駅前における地区面積約3.1haの大規模複合再開発事業である。街区内の下水ポンプ場の再整備を行うとともに，変電所・都市計画駐車場の更新・再構築も行われる予定であり，都心の重要インフラの機能を維持しながら段階的に4棟のビル開発が行われる。2027年度に竣工が予定されるB棟は地上61階，高さ約390mという高さ日本一の高層建築物となる予定である。

計画地	東京都千代田区大手町二丁目，中央区八重洲一丁目
地区面積	約3.1ha
延床面積	約686,000m²
用途	事務所，店舗，下水ポンプ場，変電所，駐車場等
最高高さ	約390m
総事業費	約4,946億円

（出所）　東京都都市整備局ホームページ

② 日本橋一丁目中地区

複数の再開発事業が実施されている日本橋川沿いにおける地区面積約3.0haの大規模複合再開発である。歴史的建造物である「日本橋野村ビル」の保存・活用，船着場の増設等によって域内外の往来活性化や観光需要の受入れが期待される。本街区（A，B，C 街区）と隣接するＤ街区を合わせて４棟のビル開発が行われる。2025年度に竣工が予定されている。

計画地	東京都中央区日本橋一丁目
地区面積	約3.0ha
延床面積	約373,000m^2
用途	店舗，事務所，住宅，カンファレンス施設，ビジネス支援施設，ホテル，サービスアパートメント，駐車場等
最高高さ	約287m
総事業費	約3,167億円

（出所） 東京都都市整備局ホームページ

③ 虎ノ門・麻布台地区

多数の地権者と約30年もの歳月をかけて推進されてきた，地区面積約8.1haの大規模複合再開発事業である。広大な区域に広場，緑地，道路が整備される。メインタワーを中心に７棟のビル開発が行われ，街区全体で約1,430戸の住宅が設けられる予定である。2022年度に竣工が予定されるメインタワーは地上65階，高さ約323mと，現在日本一の高さを誇るあべのハルカス（地上60階，高さ300m）を超えて竣工時点では高さ日本一の高層建築物となる予定である。

計画地	東京都港区虎ノ門五丁目，麻布台一丁目，六本木三丁目
地区面積	約8.1ha
延床面積	約864,000m^2
用途	住宅，事務所，店舗，インターナショナルスクール，駐車場，地域冷暖房施設，保育所，ホテル，寺院等
最高高さ	約323m
総事業費	約5,797億円

（出所） 東京都都市整備局ホームページ

④　うめきた地区

西日本最大のターミナルエリアであるうめきた地区において，大阪，関西の発展をけん引し日本の国際競争力を強化する新たな拠点として2002年から開発が始動した。先行開発区域（グランフロント大阪）は2013年に開業しており，現在隣接する２期区域において，2024年に予定される一部区域の先行まちびらきに向け開発が進められている。新駅設置をはじめ複数の都市基盤整備事業が並行して行われており，地区周辺の道路交通の円滑化や交通事故の解消も期待される。

下表は，都市基盤整備事業のうち土地区画整理事業の概要である。

計画地	大阪府大阪市北区大深町ほか
地区面積	約19.3ha
土地利用の変化	施行前： 宅地85.3%，公共用地13.8%，測量増0.9% 施行後： 宅地42.1%，公共用地52.4%，保留地5.5%
総事業費	約262億円

（出所）大阪市ホームページ

その他，名古屋駅前では2000年にJRセントラルタワーズが全面開業した後，大型ビルの建設が相次いだ。さらに現在も複数の再開発事業が進んでおり，駅前の大規模開発構想も打ち出されている。福岡市天神地区では，アジアの拠点都市としての役割・機能を高め，新たな空間と雇用を創出するプロジェクトとして「天神ビッグバン」が推進されている。2024年までに30棟の民間ビルの建替えを誘導し，延床面積は従前の約1.7倍，雇用者数は従前の約2.4倍になると試算されている。

3 大都市圏における再開発事業増加の背景

近年，大都市圏において再開発事業が活発に行われている背景には，以下に挙げる社会的な課題や周辺環境の変化等が存在していると考えられる。

(1) 都市機能の老朽化

株式会社ザイマックス不動産総合研究所「オフィスピラミッド2020」によれば，東京都心５区におけるオフィスビルの平均築年数は31.9年，大阪市では32.8年となっており，大都市圏中心部におけるビルの老朽化は着実に進んでいる。築年の古いビルは経年に伴う物理的な劣化が生じているだけでなく，建築当時の規制や技術的な面から現在の規制下における許容容積率を十分に消化していないものも多い。また，天井高の関係で十分なIT化が困難であったり，フロア内に柱が存してレイアウトが制限される等，機能的な陳腐化もみられる。

このような老朽化が進んだビルを，許容容積率を十分に消化した大規模なビル，さらにはフロア内の無柱化等の進んだ機能的なビルに建て替えることができれば，賃料収入が増加し，収益性の向上が見込まれる。また，市街地再開発事業においては容積率の緩和制度が活用される事例が多いため，通常の建替えと比較してより大規模なビルへの建替えが可能となる。さらに，都心におけるオフィスビルの賃料単価はフロア面積が大きなビルのほうが高くなる傾向にあるため，広大な敷地を確保することが可能な再開発事業は，通常の建替えと比較して，より高い収益性が期待できる。

さらに，大規模な再開発事業においては，ビル自体の建替えだけでなく，都市緑地や歩行者ネットワークを含むエリアインフラの整備，文化施設併設等によるコンセプト策定・発信も行われており，従来は一元的に官側が担ってきた都市機能の維持向上について再開発事業がその役割を果たすようになってきているといえよう。

(2)　防災性・安全性確保の必要性

2011年に発生した東日本大震災を機に，企業の災害対応の意識が高まっている。事業継続計画（Business Continuity Plan：BCP）の策定が進められる等，災害時の事業継続体制を強化する動きがみられ，入居オフィスの選定においても，防災性・安全性は重要な意思決定要素の１つになると考えられる。

このような企業の動きを受け，近年開発されたビルでは防災対応力の強化が図られている事例が多くみられる。特に広大な敷地を確保することが可能な再開発事業においては，災害に強いエネルギーシステムの導入や帰宅困難者の滞在施設の整備等が積極的に行われている。

(3)　環境意識の高まり

従来の財務情報だけでなく，環境（Environment）・社会（Social）・ガバナンス（Governance）要素も考慮した投資のことをESG投資といい，長期的なリスクマネジメントや企業の新たな収益創出の機会を評価するベンチマークとして注目されている。近年は不動産業界においても，ESGに配慮した不動産（ESG不動産）を評価する考え方が広まってきている。

築年の古いビルは近年建築されたビルと比較すると環境への負荷が大きい場合が多く，省エネルギー等に配慮したビルへの建替えによって環境負荷低減を図ることが可能となる。特に広大な敷地を確保することが可能な再開発事業においては，地域冷暖房施設の整備によるエネルギーの効率利用，広場等の大規模緑化空間の整備によるヒートアイランド現象の抑制等が積極的に行われている。

(4)　国際競争力強化の必要性

世界の主要都市の「総合力」を経済，研究・開発，文化・交流，居住，環境，交通・アクセスの６分野で評価した一般社団法人森記念財団都市戦略研究所「世界の都市総合力ランキング 概要版 2019年11月」によれば，東京は2016年以降，ロンドン，ニューヨークに次ぐ第3位の位置を維持しているものの，ロンドン，ニューヨークとのスコア差は徐々に広がっている。なかでも，居住（11位），環境（23位），交通・アクセス（8位）と都市機能に係る分野は相対的に評価が低い。

このような状況を受け，近年進められている再開発事業では都市機能の更新が行われているほか，観光機能の整備や多様なニーズに対応する居住・滞在機能の整備，国際的な教育・交流機能の導入等，国際都市東京の魅力を高めるための工夫がみられる。また，東京都で策定された「国際金融都市・東京」構想実現に向けたビジネス交流拠点の整備，大規模カンファレンス施設の整備等も積極的に進められている。

4 再開発事業の特殊性

(1) 一般的な不動産事業と再開発事業

市街地再開発事業は単純な建物の建替えや不動産の買換え等と比較して複雑な仕組みとなる傾向がある。なぜなら，市街地再開発事業では，売買に代えて後述する権利変換の手法が用いられ，また多くの関係権利者が存在することが多いためである。

単純な不動産の売買（買換え）の場合，売買の相手方と合意した金額で保有資産の処分および新たな資産の取得が行われるため，保有資産の売却金額および新たに取得した資産の取得金額は明白である。

これに対し，一般的な市街地再開発事業では，各権利者が保有する従前の資産（権利）に応じて，新たに取得する再開発ビルの床の位置や面積，補償額等を定めた権利変換計画が作成され，従前の資産（権利）が等価で新しい再開発ビルの床（権利床）または金銭に置き換えられる。すなわち，従前権利者の資産（権利）が売買されることなく資産の入替えが行われる。そのため，従前資産および従後資産の評価が重要となる。

また，細分化された複数の敷地の併合を伴う再開発事業や大規模な再開発事業においては，特に多くの関係権利者が存在する事例が多い。このような再開発事業では，計画段階から各権利者の利害を調整し，近隣住民も含む多数の関係者間で合意を形成しつつ事業を進める必要がある。

(2)　多数の権利者の合意形成を要した再開発事業

大規模な再開発事業においては多数の関係権利者が存在する事例が多く，事業期間も長期にわたる。

①　二子玉川ライズ・ショッピングセンター他

二子玉川駅前で行われた，地区面積約11.2haという民間再開発としては最大級の再開発事業である。従前地は土地の有効活用が図られておらず，また，防災面でも駅前店舗の不燃化が進まない等の課題を抱えていたが，再開発事業により商業・業務，文化交流機能等を集積させ，地区のイメージを一新させた。

従前の権利者が139人存在し，1982年に「再開発を考える会」が発足してから2015年に最後の施設建築物が完成するまで33年の歳月を要した。

地区名	二子玉川東地区（建物名称：二子玉川ライズ・ショッピングセンター他）
所在地	世田谷区玉川一丁目，二丁目，三丁目
地区面積	第1期：約8.1ha 第2期：約3.1ha
従前建物	76棟　延床面積21,470m^2
従前権利者	第1期：131人（残留54人） 第2期：8人（残留8人）
用途	住宅，事務所，店舗，ホテル，駐車場等
総事業費	約1,435億円

（出所）　公益社団法人全国市街地再開発協会「市街地再開発」

② GINZA SIX

銀座の目抜き通りである中央通り沿いで行われた再開発事業である。従前地は新耐震基準に準拠していない老朽化した建物が多く，百貨店が立地する画地以外は小規模な画地に細分化されており，個別の建替えでは近年の都心商業地間の競争激化や国際的な観光拠点としての都市機能の強化に対応できなくなっていた。土地のポテンシャルを最大化するため再開発事業により大街区化し，新たな銀座のランドマークが整備された。

住宅地域と比較して地権者数が少ない傾向にある商業地域における再開発事業であるが，本事業では従前の権利者が15人存在し，事業期間中に最大地権者の経営統合等もあり，2003年に「まちづくり協議会」が発足してから2017年に施設建築物が完成するまで14年の歳月を要した。

地区名	銀座六丁目10地区（建物名称：GINZA SIX）
所在地	中央区銀座六丁目
地区面積	約1.4ha
従前建物	17棟　延床面積74,294m^2
従前権利者	15人（残留13.5人）
用途	店舗，事務所，駐車場等
総事業費	約841億円

（出所）　公益社団法人全国市街地再開発協会「市街地再開発」

③ パークシティ中央湊　ザ　タワー，パークシティ中央湊　ザ　レジデンス

八丁堀駅，新富町駅から徒歩圏内にある，隅田川沿いで行われた再開発事業である。従前地は虫食い状になった空地の散在，建物の老朽化等により，地域コミュニティの分断や防災・防犯上の課題を抱えていた。地元住民の様々な要望を解決するため土地区画整理事業と市街地再開発事業の一体的施行を活用し，地域を再生させ，良好な住環境が形成された。

従前の権利者が181人存在し，1995年に「住民懇談会」が発足してから2019

年に最後の施設建築物が完成するまで24年の歳月を要した。

地区名	湊二丁目東地区（建物名称：パークシティ中央湊　ザ　タワー，パークシティ中央湊　ザ　レジデンス）
所在地	中央区湊二丁目
地区面積	約0.5ha
従前建物	40棟　延床面積8,914m^2
従前権利者	181人（残留129人）
用途	住宅，老人福祉施設，工場・町会事務所，駐車場等
総事業費	約248億円

（出所）　公益社団法人全国市街地再開発協会「市街地再開発」

(3)　市街地再開発事業におけるスケジュール

上記事例が示すとおり，大型案件の場合には再開発事業のスケジュールは初動期から完成に至るまでに概ね10年以上の非常に長い時間が必要とされることが一般的であり，個々の事業の実情や事業中に発生する様々な事象や問題点によって，中には30年を超えるような再開発事業も散見される。ここでは，わが国で最も実績のある組合施行を例に，市街地再開発事業の進め方についての概略を説明する。

①　調査・計画

再開発によるまちづくりは，通常，エリア内に権利を有する民間企業，デベロッパー，地元有志といった民間企業が中心となって，初期の段階から地方自治体とも相談しながら，協議会や研究会を設立することでスタートする場合が多い。

協議会や研究会は，類似する再開発事業の視察会や専門家を交えての再開発事業の勉強会などを実施することにより，関係者の再開発事業への理解を醸成しながら再開発事業への機運を高め，次の段階である再開発の推進を目的とした準備組合へと移行していく。一方，行政側は研究会や協議会活動に参加し，関係者との情報交換や意見調整を行いながら，再開発基本計画等を作成し，この基本計画を地方自治体のまちづくり方針に位置づけることなどにより，再開発事業推進の機運を高める役割を担うケースが多い。

準備組合では行政協議などを重ねながら，事業手法，事業区域，スケジュール，道路や建物などの概略設計，資金調達の方法など，場合によってはデベロッパーなどの民間企業等の協力を得ながら，事業の推進に必要な事項の検討を進め，事業の基本方針をまとめた「事業計画案」や，事業の進め方を定めた「規約」等を作成する。事業の実現性等について相当程度の関係者間の合意が得られた段階で，行政による都市計画決定の手続きが行われることになる。

② 都市計画

再開発事業の都市計画決定がなされることにより，都市計画法に再開発事業の施行区域が表示され，どのような土地利用を図るかが定められ，事業に支障のある建築物は建築不可となり，土地の売買等にも制限が課せられる。また，都市計画決定の告示から「借地権申告」等の法手続が開始される。その一方で，事業を進める準備組合は国費を伴う交付金等，自治体の支援を受けることができるようになる。

③ 事業計画・権利変換

都市計画決定後，準備組合は施行区域の権利者の３分の２以上の同意等を集め，再開発組合設立認可申請を行い，知事の認可公告を受けて，正式な施行者である「市街地再開発組合」となり，都市計画事業として再開発事業がスタートする。都市計画決定までに，相当程度関係者間の合意が得られていることが一般的であり，都市計画決定後に，権利者の同意が得られない状況は発生しにくい。ただし，そのような状況となった場合は地域や関係者へ与える影響は甚大となるため，行政機関は都市計画申請手続にあたって組合設立の見込みを十分に見極めてから手続きを進めることとなる。

再開発組合設立認可後は，認可された事業計画に基づき，都市再開発法によって細かく定められた手続きに沿って権利変換計画を作成し，権利変換計画の認可申請を行い，権利変換計画の認可を受けることになる。権利変換計画の認可後は，対価補償費の支払（都再法91），権利変換の登記（都再法90），通損補償費の支払（都再法97），土地の明渡し（都再法96）などの権利変換処分が行われる。

④　除却・工事等

建築工事期間中には再開発ビルの管理規約等を作成し，その後，工事竣工，施設の開業を迎えることになる。再開発ビルの工事が完了すると，再開発組合は工事完了を公告し，事業に要した費用の清算が行われ，組合の解散と組合財産の清算が行われる。

市街地再開発事業は様々な街づくりの手法の中でも，最も総合的でかつ行政からも手厚い支援を受けられる制度である反面，関係機関との協議も複雑でその頻度も非常に多いため，短くて5年，長ければ10年以上にも及ぶ事業期間となる。その間には必ずといってよいほど何らかの環境変化が発生し，再開発事業を推進するにあたってはその環境の変化に柔軟に対応しなければならない。よって，再開発事業における主要な関係者は，当該事業の事業構造（特にどのようなリスクに関して，どのような影響を受けるのか）を十分に理解したうえで，長期的な視座から事業を俯瞰し，再開発期間中に発生する変化に対して柔

図表1－3　市街地再開発事業の一般的なスケジュール

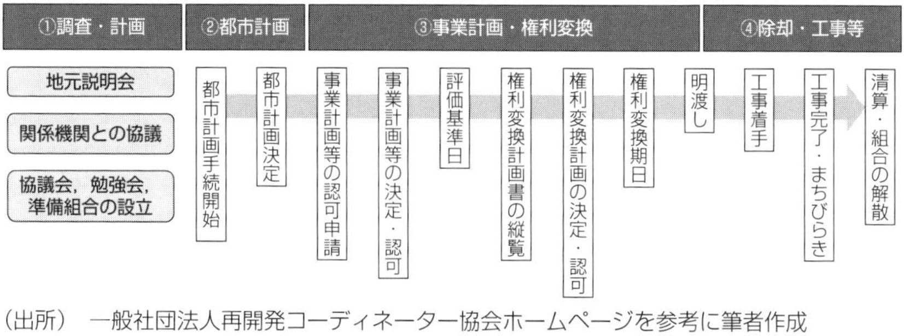

①調査・計画	②都市計画	③事業計画・権利変換	④除却・工事等
地元説明会 関係機関との協議 協議会，勉強会，準備組合の設立	都市計画手続開始 都市計画決定	事業計画等の認可申請 事業計画等の決定・認可 評価基準日 権利変換計画書の縦覧 権利変換計画の決定・認可 権利変換期日	明渡し 工事着手 工事完了・まちびらき 清算・組合の解散

（出所）　一般社団法人再開発コーディネーター協会ホームページを参考に筆者作成

軟な対応を行うことがプロジェクトを成功させるうえで必要不可欠である。特に今後検討される再開発事業は，右肩上がりの経済を背景に保留床に対する一定の売却ニーズが見込めるといった従来の前提が必ずしも成立せず，事業規模や事業スケジュールなどの事業構造を一層慎重に精査したうえで，地域の課題に根差した適切な規模の事業計画を策定し，地域住民の理解と支持を得ながら推進していくことが必要となろう。

(4) 土地区画整理事業におけるスケジュール

土地区画整理事業は，土地区画整理法に基づくものであり，その第2条において，以下のとおり定められている。

【定義】法第2条

この法律において「土地区画整理事業」とは，都市計画区域内の土地について，公共施設の整備改善及び宅地の利用の増進を図るため，この法律で定めるところに従って行われる土地の区画形質の変更及び公共施設の新設又は変更に関する事業をいう。

その進め方は都市再開発事業と似た部分が多く，市街地再開発事業と同様のスケジュールで進められるものであり，施行者により異にする部分はあるものの，土地区画整理事業における一般的なスケジュール（土地区画整理組合施行の場合）は，図表1－4のとおりである。

図表1－4　土地区画整理事業の一般的なスケジュール

①企画・調査	②都市計画	③事業計画	③換地設計〜処分	④清算
まちづくり構想 関係機関との協議	都市計画手続開始 都市計画決定	土地区画整理組合設立 定款・事業計画の決定 総会の設置	換地設計 仮換地指定 移転・補償 工事 換地処分	清算金の徴収・交付

（出所）公益社団法人街づくり区画整理協会ホームページを参考に筆者作成

第２章

都市再開発事業の手法・法律

本章のポイント

市街地再開発事業は事業の種類（第一種・第二種）に従い権利変換あるいは管理処分の手法が，また，土地区画整理事業は換地処分という手法がとられることとされている。それぞれの手続きにおいて，施行区域の従前権利者の権利が不当に害されることがないように，市街地再開発事業においては「均衡の原則」，土地区画整理事業においては「照応の原則」といった法理に基づき，従前権利者の権利が事業後の土地建物に移転されることとされており，そのほかにも，従前権利者を手続きに関与させて保護を図るための手続きが設けられている。

1 都市再開発に関する法制度の概要

都市再開発の手法としては，①都市再開発法に基づく市街地再開発事業，②土地区画整理法に基づく土地区画整理事業，③密集市街地における防災街区の整備の促進に関する法律に基づく防災街区整備事業，および④大都市法に基づく住宅街区整備事業などがある。

本書では，これらのうち一般的に活用されている①市街地再開発事業と②土地区画整理事業について解説する。なお，両者の大きな相違点は，土地区画整理事業は，従前の権利関係について同一性を保ちつつ土地の交換や分割・併合を行う事業であり建築物は対象としない一方，市街地再開発事業は，宅地の立体化を行うため権利変換処分または管理処分により，土地および建築物を新たな建築物の一部等に変換し，土地および建物を一体的に整備する事業である点にある。

2 市街地再開発事業

(1) 市街地再開発事業の概要

市街地再開発事業は，都市再開発法第２条第１号で，「市街地の土地の合理的かつ健全な高度利用と都市機能の更新とを図るため，都市計画法及びこの法律で定めるところに従って行われる建築物及び建築敷地の整備並びに公共施設の整備に関する事業並びにこれに附帯する事業」をいうと定義されている。この事業の主たる目的は，都市再開発法に基づき，市街地内の老朽木造建築物が密集している地区等において，細分化された敷地の統合，不燃化された共同建築物の建築，公園，広場，街路等の公共施設の整備等を行うことにより，都市における土地の合理的かつ健全な高度利用と都市機能の更新を図ることにある[1]。最近の再開発の事例では，大手町や日本橋の再開発において市街地再開発事業の方法が用いられた。

市街地再開発事業は大まかに，①敷地を共同化し，高度利用することにより，公共施設用地を生み出し，②従前権利者の権利は，原則として等価で新しい再開発ビル（以下，再開発されたビルを「施設建築物」，その敷地を「施設建築敷地」という。）の床に置き換え（権利床），③高度利用で新たに生み出された床（保留床）を処分し，事業費用に充てることで行われる[2]。

(2) 市街地再開発事業の種類

市街地再開発事業は，第一種市街地再開発事業と第二種市街地再開発事業とに区分される（都再法２一）。

1　国土交通省 HP（https://www.mlit.go.jp/toshi/city/sigaiti/toshi_urbanmainte_tk_000060.html）
2　国土交通省 HP

第一種市街地再開発事業では，「権利変換手続」により，従前建物，土地所有者等の権利を再開発された建物の床に関する権利に原則として等価で変換する（**権利変換方式**）。

これに対し，第二種市街地再開発事業は，公共性・緊急性が著しく高い事業で，いったん施行地区内の建物・土地等を施行者が買収または収用し，買収または収用された者が希望すれば，その代償に代えて再開発された建物の床の権利が与えられ，床に関する権利を希望しない場合には金銭補償が行われる（**用地買収方式**）。

⑶　施行区域

都市再開発法第３条および第３条の２で，第一種市街地再開発事業と第二種市街地再開発事業の施行区域は，以下の要件を満たす地域とされている。

①　第一種市街地再開発事業

第一種市街地再開発事業の施行区域は，都市計画で市街地再開発促進区域（都再法７①）に指定された区域に該当するか，以下の４要件を満たす土地の区域である必要がある。

イ　高度利用地区，都市再生特別地区，特定用途誘導地区または特定地区計画等区域内にあること。

ロ　当該区域内にある耐火建築物（建築基準法２九の二）の建築面積の合計が，当該区域内にあるすべての建築物の建築面積の合計，あるいはすべての宅地の面積の合計の概ね３分の１以下であること。

ハ　当該区域内に十分な公共施設がないこと，当該区域内の土地の利用が細分されていること等により，当該区域内の土地の利用状況が著しく不健全であること。

ニ　当該区域内の土地の高度利用を図ることが当該都市の機能の更新に貢献すること。

② 第二種市街地再開発事業

第二種市街地再開発事業の施行区域は，第一種市街地再開発事業の上記４要件に加えて，以下のいずれかに該当する土地の区域であって，その面積が0.5ヘクタール以上であることが必要とされている。

イ　次のいずれかに該当し，かつ，当該区域内にある建築物が密集しているため，災害の発生のおそれが著しく，または環境が不良であること。
　(a)　当該区域内にある安全上または防火上支障がある建築物で政令で定めるものの数の当該区域内にあるすべての建築物の数に対する割合が10分の７以上であること。
　(b)　(a)に規定する政令で定める建築物の延べ面積の合計の当該区域内にあるすべての建築物の延べ面積の合計に対する割合が10分の７以上であること。

ロ　当該区域内に駅前広場，大規模な火災等が発生した場合における公衆の避難の用に供する公園または広場その他の重要な公共施設で政令で定めるものを早急に整備する必要があり，かつ，当該公共施設の整備と併せて当該区域内の建築物および建築敷地の整備を一体的に行うことが合理的であること。

(4) 施行主体

都市再開発法第２条の２では，以下の者が市街地再開発事業の施行者になることができると定められている。なお，個人と市街地再開発組合は第一種市街地再開発事業のみを行うことができる。

- 個人（１項）
- 市街地再開発組合（２項）
- 再開発会社（３項）
- 地方公共団体（４項）

・独立行政法人都市再生機構（5項）
・地方住宅供給公社（6項）

実際の都市再開発事業における施行者の例は以下のとおりである。

実例紹介

事業名称	施行者	施行面積（ha）	事業費
大手町二丁目地区第一種市街地再開発事業	（独）都市再生機構，個人	2.0	約1,751億円
日本橋室町三丁目地区第一種市街地再開発事業	日本橋室町三丁目地区市街地再開発組合	2.1	約1,342億円
四谷駅前地区第一種市街地再開発事業	（独）都市再生機構	2.4	約839億円
国分寺駅北口地区第一種市街地再開発事業	国分寺市	2.1	－

（出所）東京都都市整備局HP（https://www.toshiseibi.metro.tokyo.lg.jp/bosai/sai-kai.htm）

①　個　人

個人施行者とは，高度利用地区等の一定の地区内の宅地について所有権もしくは借地権を有する者またはこれらの者の同意を得た者と定められている。個人施行の場合には，規約（1人で施行する場合は規準）および事業計画を定め，第一種市街地再開発事業の施行について都道府県知事の認可を受けなければならない（都再法7の9）。

さらに，施行地区内の公共施設の管理者および宅地または建築物の権利者から事業計画について同意を得る必要がある（都再法7の12，7の13）。

なお，宅地について所有権または借地権を有する者および宅地上に存する建築物について所有権または借家権を有する者以外の者について同意を得られないとき，またはその者を確知することができないときは，その同意を得られない理由または確知することができない理由を記載した書面を添えて，都道府県知事の認可を申請することができるとされている。

都道府県知事は，個人施行者から認可の申請を受けた場合，都市再開発法第7条の14各号のいずれにも該当しないと認めるときは，認可をしなければならない。

② 市街地再開発組合

第一種市街地再開発事業の施行区域内の宅地について所有権または借地権を有する者は，5人以上共同して，定款および事業計画を定め，都道府県知事の認可を受けて組合を設立することができるとされている（都再法11①）。また，事業計画の決定に先立って組合を設立する必要がある場合には，5人以上共同して，定款および事業基本方針を定め，都道府県知事の認可を受けて組合を設立することも可能である（都再法11②）。

組合設立の認可の申請にあたっては，公共施設管理者の同意を得ることに加えて（都再法12①），定款および事業計画の双方について，施行地区となるべき区域内の宅地について所有権を有するすべての者および宅地について借地権を有するすべての者のそれぞれの3分の2以上の同意を得なければならない（この場合においては，同意した者が所有するその区域内の宅地の地積と同意した者のその区域内の借地の地積との合計が，その区域内の宅地の総地積と借地の総地積との合計の3分の2以上でなければならない。）（都再法14①）。

都道府県知事の認可により市街地再開発組合が成立した場合には，施行地区内の宅地について所有権または借地権を有する者はすべてその組合の組合員となる（都再法20）。これに加えて，住生活基本法第2条第2項に規定する公営住宅等を建設する者，不動産賃貸業者，商店街振興組合その他政令で定める者であって，組合が施行する第一種市街地再開発事業に参加することを希望し，定款で定められたものは，参加組合員として，当該市街地再開発組合の組合員（「参加組合員」）となることとされている（都再法21）。

市街地再開発組合は，役員として理事3名以上および監事2名以上を置くこととされており，定款に特別の定めがある場合を除き，組合の業務は，理事の過半数で決定し，理事長が組合を代表し，その業務を総理することとされている（都再法23，27①③）。

市街地再開発組合は，(i)設立についての認可の取消し，(ii)総会の議決または(iii)事業の完成を理由に解散する（都再法45）。

③　再開発会社

再開発会社は，平成14年度の都市再開発法の改正の際に施行者として追加され，都市再開発法第２条の２第３項で，以下の要件のすべてに該当する株式会社と定義されている。

イ　市街地再開発事業の施行を主たる目的とするものであること。
ロ　公開会社（会社法２五）でないこと。
ハ　施行地区となるべき区域内の宅地について所有権または借地権を有する者が，総株主の議決権の過半数を保有していること。
ニ　当該株式会社の議決権の過半数を保有している者および当該株式会社が所有する施行地区となるべき区域内の宅地の地積とそれらの者が有するその区域内の借地の地積との合計が，その区域内の宅地の総地積と借地の総地積との合計の３分の２以上であること。

再開発会社は，市街地再開発事業を施行しようとするときは，規準および事業計画を定め，都道府県知事の認可を受けなければならない（都再法50の２）。

また，この認可を申請しようとする再開発会社は，規準および事業計画について，施行地区となるべき区域内の宅地について所有権を有するすべての者およびその区域内の宅地について借地権を有するすべての者のそれぞれの３分の２以上の同意を得なければならない（この場合においては，同意した者が所有するその区域内の宅地の地積と同意した者のその区域内の借地の地積との合計が，その区域内の宅地の総地積と借地の総地積との合計の３分の２以上である必要がある。）（都再法50の４）。

加えて，施行地区内の公共施設の管理者の同意取得も必要である（都再法50の６）。

④ 地方公共団体

地方公共団体は，市街地再開発事業を施行しようとするときは，施行規程および事業計画を定めたうえで，事業計画において定めた設計の概要について，都道府県にあっては国土交通大臣の，市町村にあっては都道府県知事の認可を受けなければならないとされている（都再法51①）。

⑤ 独立行政法人都市再生機構等

都市再生機構および地方住宅供給公社も市街地再開発事業の施行主体となることができ，この場合には，施行規程および事業計画の双方について，国土交通大臣（市のみが設立した地方住宅供給公社にあっては都道府県知事）の認可を受けなければならない（都再法58①）。

(5) 市街地再開発事業の手続き

① 都市計画決定

市街地再開発事業は，都市計画法第12条第１項第４号に基づく市街地再開発事業の１つに該当し，都市計画事業として施行される。したがって，市街地再開発事業の事業計画の作成や認可に先立ち，当該事業に係る都市計画決定がなされる必要がある。なお，個人施行者の場合には，都市計画決定なしに事業を施行することも可能である。

また，都市計画には，市街地再開発事業の種類，名称および施行区域を定めるとともに，施行区域の面積その他の政令で定める事項についても定めるよう努めるものとされている（都再法12②）。

都市計画決定がされた場合には，施行区域内の土地に対して，都市計画法第53条第１項の建築制限が課されることとなる。

図表２－１　都市計画決定の流れ

1	都道府県または市町村による原案の作成

2	公聴会の開催（都市計画法16条）

3	公告および都市計画決定案の縦覧（同17条）

4	⑴都道府県による決定の場合（同18条） 　関係市町村の意見聴取および都道府県都市計画審議会への付議 ⑵市町村による決定の場合（同19条） 　市町村都市計画審議会への付議（１項），知事との協議（町村の場合，知事の同意まで必要）（３項）

5	都市計画の決定

6	告示（同20条）

※　都市計画の図については，東京都の以下のサイトで閲覧可能。
https://www2.wagmap.jp/tokyo_tokeizu/PositionSelect?mid=1&nm=%E9%83%BD%E5%B8%82%E8%A8%88%E7%94%BB%E6%83%85%E5%A0%B1&ctnm=%E9%83%BD%E5%B8%82%E8%A8%88%E7%94%BB%E6%83%85%E5%A0%B1

②　事業計画等の作成および認可

「⑷　施行主体」で説明したとおり，施行主体ごとに作成が要求される事業計画等を作成し，都道府県知事等の認可を受け，さらに施行地区内の権利者等の同意を得る必要がある。

施行主体ごとに作成が要求されるものは以下のとおりである。

個人施行，再開発会社	規準および事業計画
市街地再開発組合	定款および事業計画
地方公共団体，独立行政法人都市再生機構等	施行規程および事業計画

市街地再開発事業の施行の認可があった後，第一種市街地再開発事業の施行地区において，事業の施行の障害となるおそれがある土地の形質の変更もしくは建築物その他の工作物の新築，改築もしくは増築等を行う場合には，都道府県知事の許可を受けなければならない（都再法66）。

また，第二種市街地再開発事業の施行地区についても，都市計画法第65条により，同様の建築等の制限が課される。

(6) 権利変換（第一種市街地再開発事業）

① 権利変換の類型

第一種市街地再開発事業においては，施行地区内にある宅地や建築物に関する権利を，権利変換計画に従い，新たに建築される施設建築物に関する権利に一括して変換し，もしくは権利者の申出により消滅させて金銭補償に変化させる手続きによって行われる（権利変換方式）。

権利変換方式には，(i)原則型，(ii)地上権非設定型，(iii)全員同意型の３種類がある。

(i) 原則型（地上権設定型）

原則型においては，従前の敷地および建物の所有者，借地権者，借家人の権利関係は図表２－２のように処理される。

土地	事業前に細分化されていた土地は合筆され一筆となり，事業前の土地所有者全員の共有持分となる（都再法75，76③）。
建物	事業前の建物所有者および借地権者ならびに保留床の買手が区分所有することとなる（都再法77①）。
地上権	地上権は施設建物の床を所有する者全員の共有持分となり，施設建築物の床所有者で当該建築物が所在する土地の所有権を持っていない者（従前の借地権者等）のためにも，地上権が設定される（都再法75①）。
配偶者居住権・借家人	従前の配偶者居住権ならびに借家権の関係は，新しい施設建築物の中にそのまま引き継がれる（都再法66⑤⑥）。なお，新しい施

	設建築物に係る借家条件については，改めて家主と協議することとされている（都再法102）。
担保権	施行地区内の宅地もしくはその借地権または施行地区内の土地に権原に基づき所有される建築物について登記された担保権が存在するときは，当該担保権の目的たる宅地，借地権または建築物に対応して与えられる施設建築敷地または施設建築物の権利の上に移行することとされている（都再法78）。

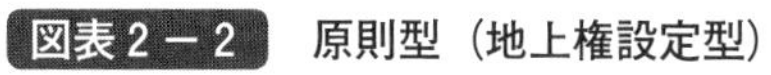
図表2－2　原則型（地上権設定型）

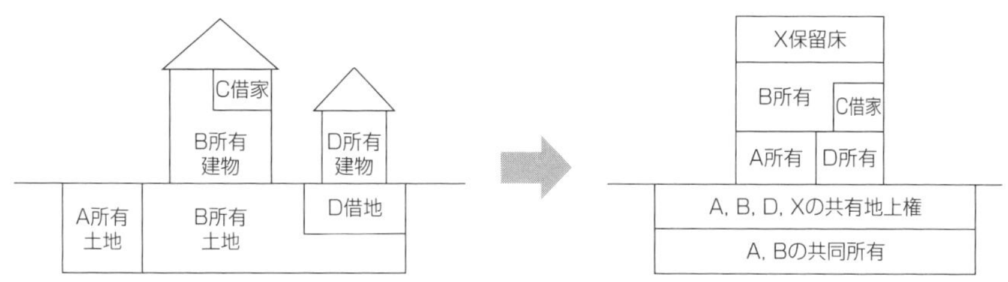

(ii)　**地上権非設定型（111条型）**

地上権非設定型においては，施行地区内の従前の建物所有権者（借地上に建物を所有する者を含む。）に土地の所有権が与えられる。その結果，事業後の土地所有者と建物所有者が一致するため，原則型と異なり，地上権が設定されないことに特徴がある（図表2－3参照）。その点を除き，土地，建物，借家権，担保権の処理は原則型と同様となる。

原則型の権利変換計画を定めることが適当でないと認められる「特別の事情」

図表2－3　地上権非設定型（111条型）

C借家
B所有
建物
D所有
建物
A所有
土地
B所有
土地
D借地
X保留床
B所有
C借家
A所有
D所有
A, B, D, Xの共同所有

があるときは，施行者は地上権非設定型の権利変換計画を作成することができるとされている。

(iii) 全員合意型

施行地区内の宅地の従前の所有者等のすべての権利者が権利変換の内容に同意すれば，原則型や地上権非設定型によらず，柔軟に権利変換を行うことができることとされている（都再法110，110の２，110の３）。

実例紹介

比較的最近に権利変換手続の違法性が争われた事案として，最三小判平成５年12月17日がある。

本事案では，第一種市街地再開発事業地区内に土地を共有する原告らは，当時，当該土地を８名の者に賃貸していたところ，賃貸借契約では賃貸土地が公共使用のために買い上げられたり収用される場合には，賃借人は土地を返還することとされていた。

ところが，施行者（市）はこれらの借地人が借地権があることを前提として権利変換処分を行ったため，当該土地を共有する原告らは権利変換処分の取消訴訟を提起した（取消訴訟を提起する前に経るべき審査請求の期間が徒過していることを理由に上告棄却）。

② 均衡の原則

都市再開発法第77条第２項は，「施行地区内の宅地に借地権を有する者および施行地区内の土地に建築物を所有する者に対して与えられる施設建築物の一部等は，それらの者が権利を有する施行地区内の土地または建築物の位置，地積または床面積，環境および利用状況とそれらの者に与えられる施設建築物の一部の位置，床面積および環境とを総合的に勘案して，それらの者の相互間に不均衡が生じないように，かつ，その価額と従前の価額との間に著しい差額が生じないように定めなければならない。」と規定しており，事業前に保有する権利と事業後に与えられる権利とが均衡に保たれることを要求している。次の実例紹介にあるとおり，均衡の原則に反した権利変換処分については，手続き上の瑕疵を理由に取り消される可能性があるため，施行者は，権利変換計画を策定する際にはこの原則に反しないように注意する必要がある。

実例紹介

均衡の原則が争われた裁判例として，東京地判昭和60年９月26日がある。この事例において，原告は，従前資産の価額と変換後資産の価額の比率が，最大140%ある点が均衡の原則に違反すると主張した。

裁判所は，権利変換の処分につき施行者に幅広い裁量権が認められることを認めつつ，「ことさら一部関係権利者の利益を優先したり，一部関係権利者の意見を無視するなど，客観的にみても不公平かつ不当な事業の遂行をしたと認められるような場合においては，事業の遂行に手続上の瑕疵があるものとして，当該処分が違法とされることもありうるものというべきである。」と判示したうえで，この事案において，均衡の原則の違反は認められないと結論づけた。

③　権利変換の手続き

(i)　権利変換手続開始の登記

市街地再開発事業の施行の認可等の公告がなされた場合，施行者は，遅滞なく，登記所に，施行地区内の宅地および建築物ならびにその宅地に存する既登記の借地権について，権利変換手続開始の登記を申請し，または嘱託しなければならないとされている（都再法70①）。この登記がなされた後においては，施行者の承諾を得なければ，登記にかかる宅地または建築物の権利について処分することができず，施行者の承認なく行われた取引は，施行者に対抗できない（都再法70②）。

(ii)　地区外転出等の申出

施行地区内の宅地の所有者，その他宅地について借地権を有する者または施行地区内の土地に権原に基づき建築物を所有する者は，市街地再開発事業の施行の認可等の公告から30日以内に，施行者に対して，権利変換の代わりに金銭の給付を希望するまたは自己の有する建築物を施行地区外に移転すべき旨を申し出ることができる（地区外転出等の届出。都再法71①）。また，施行地区内の建物の借家権者についても同様に権利変換による借家権の取得を希望しない旨を申し出ることができる（都再法71③）。

(iii) 権利変換計画の作成・認可

施行者は，地区外移転等の申出に係る手続きに必要な期間の経過後遅滞なく，施行地区ごとに権利変換計画を定め，都道府県知事または国土交通大臣の認可を受けなければならないとされている（都再法72①）。配置設計，権利変換の対象となる権利者の氏名および住所等，権利変換計画で定めるべき事項は，都市再開発法第73条に規定されている。

加えて，個人施行の事業については，施行地区内の宅地または建築物について権利を有する者全員の同意が必要とされている（都再法72②）。また，再開発会社施行の事業については，施行地区となるべき区域内の宅地について所有権を有するすべての者およびその区域内の宅地について借地権を有するすべての者のそれぞれの3分の2以上の同意（かつ，同意した者の所有する地区内の宅地の地積と同意した者の地区内の借地の地積の合計が地区内の宅地の総地積と借地の総地積の合計の3分の2以上であることが必要）を得た（都再法72③）うえで，審査委員（都再法7の19）の過半数の同意または市街地再開発審査会（都再法57）の議決を得ることが必要とされている（都再法84）。

また，市街地再開発組合施行の事業については，その総会での議決が必要とされている（都再法30八）。

実例紹介

権利変換計画の作成に関しては，権利変換の内容の前提条件となる施行地区内の宅地等の価額の算定（都再法73①三）が問題となることがある。都市再開発法上，この価額は，近傍類似の土地，近傍同種の建築物の取引価格等を考慮して定める相当の価額と解されている（都再法80①）。

この点が争点となった裁判例（東京高判平成28年12月15日）で，原告は，自身が施行地区内に有する宅地額を約98億円と定めた収用委員会の裁決について，再開発事業を起因とする施行地区内の宅地の価格の上昇を加味すべきであるとして，これを約121億円に変更することに加え，施行者に対して清算金20億円を支払うように請求した。そこで，本事例では，再開発事業を起因とする施行地区内の宅地の価格の上昇を，都市再開発法第80条第１項にいう「相当の価額」の算定において考慮すべきであるか否かが争われた。

裁判所は，都市再開発法第80条第１項所定の評価基準日までに生じている価値の増分については，「相当の価額」の算定において考慮されるべきであるが，再開発事業の施行される土地であることにより生じる同事業完成の期待に伴う価値の増分は評価基準日以降に生じる付加価値であり，個別的要因によって変動しうる不確定なものであって，施行地区内の土地全体に一般的，普遍的に及ぶ利益ではないから，「相当の価額」の算定において考慮されるべきものではないと判断した。

また，同様に「相当の価額」の解釈が問題となった裁判例（東京地判平成20年12月25日）では，原告は，収益不動産に係る「相当の価額」については，収益還元法によるべきであると主張したが，裁判所は，「相当の価額」とは，近傍において類似または同種の代替地等を取得することを可能とするに足りる金額をいうのであって，権利変換の対象となる不動産が権利者にもたらす現実の収益の対価をいうものではないと解されるから，現実の利用方法に差異があるために収益に多寡があるという事情については，これを考慮することを予定していないものというべきである（このように解したとしても，高い収益を上げていた権利者は，「相当の価額」を得たうえで，近傍において類似または同種の代替地等を取得し，従前と同様の利用方法によって収益を上げることができることになるのであるから，その財産権が直ちに侵害されるとはいえない。）と判断し，収益還元法の採用を否定した。

(iv)　補償金の支払い

施行者は，権利変換を希望せず金銭給付を希望する者（地区外移転等申出者）に対しては，権利変換期日までに，都市再開発法第91条で定める補償金を支払う必要がある。

(v)　権利の変換

施行者は，権利変換計画の認可を受けたときは，遅滞なく，その旨を公告し，関係権利者に関係事項を書面で通知する必要がある（都再法86）。

権利変換に関する処分は，この通知をすることによって行うこととされており，権利変換計画の定めに従って，権利変換期日に以下のとおり，権利変換が行われる（都再法86〜89）。

ただし，全員同意型の場合には，都市再開発法の定めにかかわらず，権利変換計画の定めに従って行われ，また，地上権非設定型の権利変換計画による場合に，以下の地上権の設定に関する規定の適用はない。

- 施行地区内の土地は，権利変換計画の定めに従い，新たに所有者となるべきものに帰属し，所有権以外の権利は，別段の定めがあるものを除き，消滅する。
- 施行地区内の土地の権原に基づき建築物を所有する者の当該建築物は，施行者に帰属し，当該建築物を目的とする所有権以外の権利は，消滅する。
- 施行地区のうち施設建築物の敷地となるべき土地には，施設建築物の所有を目的とする地上権が設定されたものとみなされる。
- 施設建築物の一部は，権利変換計画において，地上権の共有持分を有することとされている者が取得する。
- 施行地区内の宅地もしくはその借地権または施行地区内の土地に権原に基づき所有される建築物について存する担保権等の登記にかかる権利は，権利変換計画の定めるところに従い，施設建築敷地または施設建築物に関する権利の上に存することとされる。

(vi) 権利の登記

施行者は，権利変換期日後遅滞なく，施行地区内の土地につき，従前の土地の表題部の登記の抹消および新たな土地の表題登記ならびに権利変換後の土地に関する権利について必要な登記を申請し，または嘱託することとされている（都再法90）。

(vii) 土地の明渡し

施行者は，工事のために必要があるときは，権利変換期日後，期限を定めて

（明渡請求日から30日以上経過した後の日），土地または建物の明渡しをその占有者に請求することができる（都再法96）。

ただし，施行者は，土地または建物の占有者が，その明渡しにより通常受ける損失に係る補償金（通損補償）を明渡期限までに支払う必要があり，当該補償金の支払いを受けるまで占有者は明渡しを留保できる（都再法97）。

なお，占有者が明渡しに応じないときには，代執行（行政代執行法）の方法に拠ることとされている（都再法98②）。

(viii)　工事の完了の公告等

施行者は，施行地区内の土地の明渡しを受けた後，施設建築物を建築し，その工事が完了した際には，速やかにその旨を公告し，施設建築物に関し権利を取得する者に通知する必要がある。さらに必要な登記も行うことが義務づけられている（都再法100，101）。

(ix)　借家条件の協議

施設建築物の一部に権利変換によって借家権を与えられることとなる従前権利者がいる場合には，賃貸借の対象物件が変わるため，賃貸人と賃借人との間で，家賃その他の賃貸借契約の条件について協議をしなければならないとされている（都再法102①）。

また，当事者間で協議が成立しない場合，当事者は，施行者に対して借家条件の裁定を求めることができ，施行者は審査委員の過半数の同意等を経て，裁定することができる（都再法102②）。

(x)　清　算

施行者は，第一種市街地再開発事業の工事が完了したときは，速やかに，その事業に要した費用の額を確定するとともに，その費用の金額を基準として従前の権利者に与えられる施設建築敷地や施設建築物の一部等の額を確定し，その確定した額を通知しなければならない（都再法103）。

この場合，確定した施設建築敷地等の価額と，権利変換を受ける者が従前に有していた権利の価額との間に差があるときは，施行者は，当該差額を権利変換の対象者から徴収し，あるいは当該対象者に対して交付しなければならない（都再法104）。

(xi) 保留床の処分

第一種市街地再開発事業により施行者が取得した施設建築物の一部等は，巡査派出所等公益上欠くことができない施設の用に供するため必要があるとき等を除き，公募により賃貸または譲渡しなければならないとされている（都再法108）。

(7) 管理処分（第二種市街地再開発事業）

第二種市街地再開発事業における施行地区の土地等の取得は管理処分の手続きによることとされている。第二種市街地再開発事業では，ある程度の規模の公共施設等の整備を短期間で施工することを想定しているため，施行者が施行地区内の土地をいったんは全面的に取得することを前提としつつも，個別に調整できる制度を採用している。以下，手続きの流れに沿って説明する。

① 譲受け希望等の申出

施行地区内の宅地の所有者，その宅地について借地権を有する者または施行地区内の土地に権原に基づき建築物を所有する者は，事業計画の決定等の公告のあった日から30日以内に，施行者に対して，その者が施行者から払渡しを受けることとなる当該宅地，借地権または建築物の対償に代えて，建築施設の部分の譲受けを希望する旨の申出（以下「譲受け希望の申出」という。）をすることができる（都再法118の２）。

また，施行地区内の建築物に借地権を有する者も，同様に30日以内に賃借り希望の申出をすることができることとされており，第一種市街地再開発事業における権利変換とは対照的な仕組みとなっている。

譲受け希望の申出を行った者が，施行地区内に有する宅地，借地権または建築物を処分する場合には，施行者の承認を得る必要がある（都再法118の３）。

②　管理処分計画の決定・認可

施行者は，譲受け希望の申出を行うために必要な期間の経過後，遅滞なく，施行地区ごとに管理処分計画を定めなければならないとされている（都再法118の６）。

都市再開発法の管理処分計画に関する規定については，権利変換計画に関する規定が準用され，大部分が共通している（都再法118の10）。

なお，譲受け希望の申出を行った各権利者に対して建築施設の一部を与える場合にも，**照応の原則**が適用される点には留意が必要である（都再法118の10，77②前段準用）。施行者が作成した管理処分計画は国土交通大臣または都道府県知事の認可を受ける必要がある（都再法118の６）。

Key Word　照応の原則

換地および従前の宅地の位置，地積，土質，水利，利用状況，環境等が照応するように定めなければならない（区画法89）。

図表２－４　都再法118の10で準用されている規定一覧

73条２項～４項	権利変換計画の内容
74条	権利変換計画の決定の基準
75条１項および３項	施設建築敷地の取扱い
77条２項前段	均衡の原則
79条	床面積が過小となる施設建築物の一部の処理
82条	公共施設の用に供する土地の帰属に関する定め
83条	権利変換計画の縦覧等
84条	審査委員および市街地再開発審査会の関与
86条１項	権利変換の処分の方法

③ 用地の取得

用地の取得は，管理処分計画の認可の公告後に，任意の売買契約または土地収用法に基づく収用によって行われ，譲受け希望の申出をした者に対しては，施行者が払い渡すべき対象に代えて，施設建築物の一部が給付されることとなる（都再法118の11）。

④ 建築工事の完了

権利変換手続の場合と同様に，管理処分においても，施行者は施設建築物の工事を完了したときには，速やかにその旨を公告するとともに，譲受け予定者等に対して通知しなければならない（都再法118の17）。また，施行者は，施設建築物の建築工事が完了したときは，遅滞なく，施設建築敷地および施設建築物について必要な登記を申請し，または嘱託しなければならないとされている（都再法118の21）。

(8) 権利者の権利・保護等

これまでは，市街地再開発事業の流れに沿って手続きを解説したが，本項では市街地再開発事業に関係する従前権利者の視点から，権利変換における権利関係の取扱いや権利者を保護するための制度について，再度整理する。

① 第一種市街地再開発事業

(i) 権利変換における権利関係の処理

権利変換において，施行地区内の各権利者の権利関係は，以下のとおり処理される。

なお，既述のとおり，施行地区内の宅地の所有者や借地権者等は，権利変換を望まない場合，地区外転出等の申出を行うことで，金銭給付等を受けることが可能である（都再法71）。

ⓐ 施行地区内の宅地の所有者

１個の施設建築物の敷地（施設建築敷地）は一筆の土地となり，従前の土地所有者には施設建築敷地の共有持分が与えられる。

(b)　施行地区内の建物の賃借人

借家権者は，その家主に対して与えられる施設建築物の一部について借家権が与えられる。ただし，家主が地区外転出等の申出を行った場合には，施行者が取得する保留床に賃借権が設定されるように権利変換計画で定められることとされている（都再法77⑤但書）。

なお，借家条件については，権利変換後に家主と協議することとされている。

実例紹介

借家権者も地区外転出等の申出を行うことが可能であり，この場合，都市再開発法第91条に基づく補償金の支払いを受けることができる。

賃借権に対する補償金の価額が争われた裁判例として，東京高判平成27年11月19日がある。この事例では，施行地区内で法律事務所として使用していた借家権の価額が争点となった。被告は，この施行地区における事務所の借家権の取引慣行がなく，取引価格も発生していないことから，当該借家権の価額は０円であると主張した。これに対して，原告は，借家権の価額の算定は，土地価格，建物価格および借地権価格等に標準借家権割合を乗じて求める方法（割合法）によるべきであると主張した。

裁判所は，借家権者が失う借家権の価額は，借家権の取引価額を基礎として算定すべきであるとして，当該借家権の価額は０円であると判断した。

(c)　施行地区内の建物の所有者（借地権者）

原則型では，施設建築物の一部の所有権が与えられるとともに，施設建築敷地に，施設建築物の所有を目的とする地上権が設定される。

また，地上権非設定型では，施設建築物および施設建築敷地の所有権が与えられる。

(d)　担保権者

担保権の目的たる従前権利に対応して被担保権者に与えられる施設建築敷地または施設建築物の権利の上に移行する。

(ii) 権利者保護のための制度

(a) 認可申請時の同意取得

施行者が都道府県知事等に市街地再開発事業施行の認可を申請する際には，施行地区内の宅地・建物の権利者の同意を得ることが必要とされている（都再法７の13，14等）。また，登記のない借地権者についても，借地権を申告する機会が設けられている（都再法15等）。

なお，市街地再開発事業においては，事業を進めるために担保権者や借家人等の個別の同意は要求されておらず，これらの権利関係者の保護は，事業計画や権利変換計画が縦覧に付された際に都道府県知事に意見書を提出できることのほか，権利変換手続において新たな建築物やその敷地上の権利に移行できることなどで図られている。

(b) 権利変換計画の同意等

個人施行あるいは再開発会社施行の場合には，権利変換計画の認可を都道府県知事に申請する際に，施行地区内の宅地・建物の権利者の同意を得ることが必要とされている（都再法72③）。

組合施行の場合には，施行地区内の権利者が組合員となる市街地再開発組合の総会決議を経る必要がある（都再法30八）。

また，権利変換計画の内容（例えば，権利変換後に与えられる権利内容とその概算額等）について不服がある場合，権利者は施行者に意見書を提出することができる（都再法83②）。この意見書が採択されず，その内容が従前資産額の評価等に関することであれば，不採択の通知のあった日から起算して30日以内に，収用委員会にその裁決を申請することができる（都再法85）。

さらに，収用委員会の採決にも不服のある場合は，裁判所へ訴えを提起することができる（都再法85③）。

なお，収用委員会の採決や裁判がなされても，権利変換計画の決定内容には影響を与えないこととされており（都再法85④），これらの裁決や裁判の結果については，清算等における差額の金銭の授受によって解決されることとなる。

(c)　地区外転出者等への補償（都再法91）

施行地区内の宅地もしくはこれに存する建築物またはこれらに関する権利を有する者で，権利変換期日において当該権利を失い，かつ，当該権利に対応して，施設建築敷地もしくはその共有持分，施設建築物の一部等または施設建築物の一部についての借家権を与えられないもの（権利変換を希望せず金銭給付の申出をした地区外に転出する者等）に対しては，その補償として，権利変換期日までに，都市再開発法第80条第１項の規定により算定した相当の価額に利息相当額を付した金額が支払われることとされている。

(d)　土地の明渡しに伴う損失補償

市街地再開発事業の工事のための土地の明渡し（都再法96）に伴い関係権利者が受ける通常損失（物件の移転料，仮住居のための費用等）についても，施行者から補償を受けることができる（都再法97）。

実例紹介

東京地判平成28年６月16日では，出版社である原告が，第一種市街地再開発事業に伴うオフィスの明渡しの際に要した，在庫書籍に挟み込まれたスリップ（書籍の補充注文等に使用される伝票），出版案内および読者はがきの各入替えならびに奥付部分の張替えの作業費用について，損失補償を求めたところ，裁判所は，過去の事例では所在地の移転に伴い原告が主張する作業を行わなかった出版社が大半であり，他に，これらの費用が，客観的・社会的にみて，当該物件の引渡しにより当然に受けるであろうと考えられる経済的・財産的な損失であると認めるに足りる証拠はないとして，都市再開発法第97条第１項の通常損失には該当しないと判断した。

②　第二種市街地再開発事業

(i)　譲受け希望の申出

施行地区内の宅地の所有者，その宅地について借地権を有する者または施行地区内の土地に建築物を所有する者は，一定期間内に，施行者に対し，当該宅地，借地権または建築物の対償に代えて，建築施設の部分の譲受けを希望する旨の申出（以下「譲受け希望の申出」という。）をすることができ，また，借家権を有する者も，施行者に対して，施設建築物の一部の賃借を希望する旨の申出をすることができる（都再法118の２）。

借家権の家主が譲受け希望の申出を行わなかった場合には，施行者に帰属することとなる施設建築物の一部を賃借りすることができるように管理処分計画に定めなければならないとされている（都再法118の８）。

(ii) 収用に対する補償

任意売却によることなく，従前の宅地等が収用されてしまう権利者については，土地収用法の規定に基づき，施行者に対して補償を求めることが可能である（土地収用法68）。

(iii) 担保権の保護

担保権の対象が管理処分の対象となった場合において，被担保権者が譲受け希望の申出を行ったとき，担保権者は，被担保権者が取得する建築施設の譲受け権および施行者によって供託された修正対償額等（都再法118の15，118の19）に対して，権利を行使することができるとされている（都再法118の13）。また，完成した建築施設に担保権を設定しなおすことも可能である（都再法118の21②）。

(iv) 不服申立て

都市再開発法第127条に規定するものを除き，組合，再開発会社，市町村，都道府県または都市再生機構等がこの法律に基づいて行った処分その他公権力の行使に当たる行為に不服のある者は，都道府県知事または国土交通大臣に対して審査請求をすることができる（都再法128）。ただし，権利変換に関する処分についての審査請求においては，権利変換計画に定められた宅地もしくは建築物またはこれらに関する権利の価額についての不服をその理由とすることはできない（前述のとおり，価額に関する不服申立てについては，別途都市再開発法第85条で規定されている。）。

3　土地区画整理事業

(1)　土地区画整理事業の概要

土地区画整理事業とは，土地区画整理法に基づき，雑然とした区画や道路を整理し，また新たな公園を設置するなどして，整然とした区画の市街地に作り替える事業のことをいう。秋葉原駅周辺および八重洲の再開発には土地区画整理事業の手法が利用されている。

土地区画整理事業の仕組みとしては，換地処分という手法により，従前の宅地を移動させ，整然とした街区に作り直す。図表２－５は換地処分のイメージ図である。換地処分により従前の土地の面積は減少する（換地処分によって宅地の面積が減少することを減歩という。）が，街並みが整理され，公共施設等も整備されることによって，地域としての価値が高まる結果，宅地の単価も高まると考えられている。そのため，減歩によって宅地の面積は減っても，通常，減歩に対しての補償は行われないこととなっている。

また，この事業の工事費は，基本的に施行地区内の宅地の減歩によって生じた保留地の売却代金を充てることとされている。

図表２－５　換地処分のイメージ

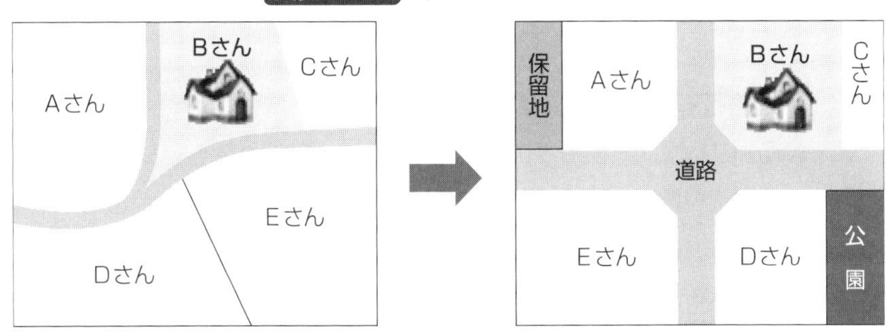

（出所）　小平市のHPより引用（https://www.city.kodaira.tokyo.jp/kurashi/files/32556/032556/att_0000001.pdf）

(2) 土地区画整理事業の施行者

土地区画整理法上，土地区画整理事業の施行者となることができるものは個人，土地区画整理組合，区画整理会社，地方公共団体，国土交通大臣，独立行政法人都市再生機構，地方住宅供給公社と定められている（区画法３，３の２，３の３）。この中で一般的な施行者は，土地区画整理組合と地方公共団体である[3]。

実際の土地区画整理事業における施行者の例は以下のとおりである。

実例紹介

事業名称	施行者	施行面積（ha）	事業費
霞ヶ丘町付近土地区画整理事業	個人	2.8	3.5億円
八重洲一丁目東土地区画整理組合	八重洲一丁目東土地区画整理組合	0.2	約20億円
秋葉原駅付近土地区画整理事業	東京都	35.0	約150億円
大手町土地区画整理事業	(独)都市再生機構	17.4	約917億円

（出所） 東京都都市整備局HP（https://www.toshiseibi.metro.tokyo.lg.jp/bosai/tk_seiri.htm）
国土交通省関東地方整備局HP（https://www.ktr.mlit.go.jp/city_park/machi/city_park_machi00000070.html）

① 個人施行者（１人または共同）

個人施行者の範囲は，宅地について所有権もしくは借地権を有する者または宅地について所有権もしくは借地権を有する者の同意を得た者とされている。個人施行の場合，施行地区の対象は，施行者（または施行者に同意した権利者）の権利の目的である宅地および一定の区域の宅地以外の土地（公共施設の用に

3 国土交通省HP（https://www.mlit.go.jp/toshi/city/sigaiti/toshi_urbanmainte_tk_000030.html）

供されている土地など）とされている。

②　土地区画整理組合

土地区画整理組合を設立するためには，施行地区の宅地について所有権または借地権を有する者７名以上が発起人となる必要がある。

組合が成立した場合には，土地区画整理事業に係る施行地区内の宅地の所有者および借地権者（土地区画整理法第19条第３項または第85条第１項で申告をした未登記の借地権者を含む。）はすべてその組合の組合員となる。これに加えて，都市再生機構，地方住宅供給公社その他政令で定める者であって，組合が都市計画事業として施行する土地区画整理事業に参加することを希望した者を組合員に含めることも可能である（参加組合員。区画法25の２）。

③　区画整理会社

区画整理会社として区画整理事業を施行するためには，宅地について所有権または借地権を有する者を株主とする株式会社であって，以下に掲げる要件のすべてに該当する必要がある（区画法３③）。

(i)　土地区画整理事業の施行を主たる目的とするものであること
(ii)　公開会社でないこと
(iii)　施行地区となるべき区域内の宅地について所有権または借地権を有する者が，総株主の議決権の過半数を保有していること
(iv)　当該株式会社の議決権の過半数を保有している者および当該株式会社が所有する施行地区となるべき区域内の宅地の地積とそれらの者が有する借地権の目的となっているその区域内の宅地の地積との合計が，その区域内の宅地の総地積と借地権の目的となっている宅地の総地積との合計の３分の２以上であること

(3) 土地区画整理事業の流れ

① 都市計画決定

土地区画整理事業については，都市計画事業（都市計画法第12条第１項で規定する市街地開発事業）として行う場合と，そうでない場合（非都市計画事業）とがある。個人施行，組合施行および区画整理会社施行の場合には，非都市計画事業として土地区画整理事業を行うことも可能であるが，これら以外の者が施行者となる場合には，都市計画事業として施行しなければならないとされている（区画法３の４）。

土地区画整理事業が都市計画事業として行われる場合には，その事業に係る都市計画決定を経る必要がある（都市計画法15①三）。区画整理事業に係る都市計画には，事業の種類，事業の名称，施行区域，公共施設の配置および宅地の整備に関する事項等を定めることとされている（都市計画法12）。

都市計画が決定され，告示されると，その区域内の土地に対して都市計画法第53条第１項に基づく建築制限が課され，都道府県知事等の許可なく，施行地域内に建築物を建築することができなくなる。

② 事業計画等の認可

(i) 個人施行の場合

土地区画整理事業を施行しようとする個人は，１人で施行しようとする場合は規準および事業計画を定め，数人共同して施行しようとする場合には規約および事業計画を定め，その土地区画整理事業の施行について都道府県知事の認可を受けなければならないとされている（区画法４）。規準または規約で定めるべき事項については土地区画整理法第５条で（図表２－６），事業計画の内容については同第６条で規定されている（図表２－７）。

図表２－６　規準または規約で定めるべき事項（区画法５）

1	土地区画整理事業の名称
2	施行地区に含まれる地域の名称
3	土地区画整理事業の範囲
4	事務所の所在地
5	費用の分担に関する事項
6	業務を代表して行う者を定める場合においては，その職名，定数，任期，職務の分担および選任の方法に関する事項
7	会議に関する事項
8	事業年度
9	公告の方法
10	その他政令で定める事項

図表２－７　事業計画で定める必要がある事項（区画法６①）

1	施行地区
2	設計の概要
3	事業施行期間
4	資金計画

施行地区内の宅地に当該施行者以外に権利を有する者（関係権利者）がある場合においては，都道府県知事の認可に加えて，関係権利者全員の同意が必要とされている（区画法８）。

なお，宅地について権利を有する者のうち所有権または借地権を有するもの以外の者について同意を得られないとき，またはその者を確知することができないときは，その同意を得られない理由または確知することができない理由を記載した書面を添えて認可を申請することができることとされている。

(ii) 土地区画整理組合施行の場合

土地区画整理組合を設立しようとする者は，宅地の所有権または借地権を有する者７人以上が共同して，定款および事業計画を定め，その組合の設立について都道府県知事の認可を受けなければならないとされている（区画法14）。なお，定款および事業計画の認可を申請する前に，施行地区となるべき区域内の宅地について所有権を有するすべての者およびその区域内の宅地について借地権を有するすべての者のそれぞれの３分の２以上の者の同意が必要とされている（この場合，同意した者の所有地と借地の面積の合計が，同区域内の宅地と借地の総面積の３分の２以上となる必要がある。）（区画法18）。

また，未登記の借地権についても申告する手続きが定められており，一定期間内に申告を行わなかった未登記借地権については，上記同意取得との関係では存在しないものとして扱われる（区画法19）。

認可の申請があった場合，都道府県知事は，施行地区となるべき区域を管轄する市町村長に当該事業計画を２週間公衆縦覧に供させることとされている（区画法20①）。当該土地区画整理事業に関係のある土地もしくはその土地に定着する物件等について権利を有する者（以下「利害関係者」という。）は，縦覧に供された事業計画について意見がある場合においては，縦覧期間満了の日の翌日から起算して２週間を経過する日までに，都道府県知事に意見書を提出することができる（ただし，都市計画において定められた事項については，この限りではない。）（区画法20②）。

これらの手続きを経て，都道府県知事は，土地区画整理組合の設立を認可したときは，遅滞なく，公告しなければならないとされている（区画法21④）。

(iii) 区画整理会社の場合

土地区画整理会社によって土地区画整理事業を施行しようとする者は，規準および事業計画を定め，施行地区の都道府県知事の認可を受けなければならない（区画法51の２）。この場合も，土地区画整理組合の場合と同様，規準および事業計画について，区域内の宅地の所有権者および借地権者すべてのそれぞれの３分の２以上の同意を得なければならない（同意した者の所有地と借地の面積の合計が，同区域内の宅地と借地の総面積の３分の２以上となる必要がある点も同様。）（区画法51の６）。また，借地権の申告，規準，事業計画の縦覧および認可の公告等の手続きも土地区画整理組合の場合と同様となる。

ⅳ　地方公共団体，行政庁，公団の場合

都道府県または市町村が土地区画整理事業を施行しようとする場合には，施行規程および事業計画を作成し，都道府県にあっては国土交通大臣の，市町村にあっては都道府県知事の認可を受けなければならないとされている（区画法52）。事業計画を作成する場合には２週間の公衆縦覧に付され，利害関係者は意見書を提出することができる（ただし，都市計画に定められた事項は除く。）（区画法55①②）。認可された事業計画は公告され，公衆縦覧に付される（区画法55⑨⑩）。

行政庁（国土交通大臣）が土地区画整理事業を施行する場合においても，施行規程および事業計画を定めなければならないとされており，これらを作成する場合には，２週間公衆縦覧に供しなければならない。利害関係者は，公衆縦覧に供された施行規程および事業計画について意見書を提出することができる（区画法69）。

都市再生機構および地方住宅供給公社が土地区画整理事業を施行しようとする場合においても，施行規程および事業計画を定め，国土交通大臣等の認可を得なければならないとされている（区画法71の２）。

③　建築行為等の制限

土地区画整理事業の認可の公告があった場合，換地処分の公告がある日までは，都道府県知事等の許可なく，施行地区内において，土地区画整理事業の施行の障害となるおそれがある土地の形質の変更もしくは建築物その他の工作物の新築，改築もしくは増築を行い，または政令で定める移動の容易でない物件の設置もしくは堆積を行うことが制限される（区画法76①）。なお，都市計画

事業として土地区画整理事業が行われる場合には，前述のとおり，都市計画決定がなされる時点で都市計画法上の建築制限が課される。

④　仮換地指定

(i)　仮換地の指定

施行者は，換地処分を行う前において，土地の区画形質の変更もしくは公共施設の新設もしくは変更に係る工事のため必要がある場合または換地計画に基づき換地処分を行うため必要がある場合においては，施行地区内の宅地について仮換地を指定することができることとされている（区画法98）。

(ii)　仮換地指定における要件

仮換地を指定する場合において，従前の宅地に地上権，永小作権，賃借権その他の宅地を使用し，または収益することができる権利を有する者があるときは，その仮換地についてそれらの使用・収益権の目的となるべき宅地またはその部分を指定しなければならないこととされている（区画法98①）。

なお，仮換地指定を行うにあたって，個人施行の場合は，従前の宅地の所有者およびその宅地について使用・収益権を有している者ならびに仮換地となるべき宅地の所有者およびその宅地についての使用・収益権を有している者の同意を得なければならず（区画法98③），組合施行の場合は，その総会等での同意を得なければならない（区画法31九）。

また，区画整理会社施行の場合は，施行地区内の宅地について所有権を有するすべての者およびその区域内の宅地について借地権を有するすべての者のそれぞれの3分の2以上の同意を得なければならない（この場合においては，同意した者が所有するその区域内の宅地の地積と同意した者が有する借地権の目的となっているその区域内の宅地の地積との合計が，その区域内の宅地の総地積と借地権の目的となっている宅地の総地積との合計の3分の2以上でなければならない。）（区画法98④）。

さらに，これら以外のものが施行者の場合においては，土地区画整理審議会の意見を聴かなければならないとされている（区画法98③）。

(iii)　仮換地の効果

仮換地の効果として，従前の宅地の権利者は，従前の宅地については使用・収益ができなくなるが，仮換地の指定の効力発生の日から換地処分の公告がある日まで，仮換地の目的となるべき宅地もしくはその部分について，従前の宅地について有する権利と同様の使用または収益をすることができる（区画法99）。また，仮換地指定がなされても，従前の土地の所有権を失うわけではないため，自由に処分（第三者への売却等）することはなお可能である。

ただし，仮換地指定後に従前の宅地の売買を行う場合には，その後に仮換地指定が変更されたり，仮換地と最終的な換地処分の内容が異なる可能性があることを考慮して取引を行う必要がある点には留意が必要である。

⑤　換地処分

(i)　換地計画の作成

施行者は，施行地区内の宅地について換地処分を行うために換地計画を定めたうえで，原則として，都道府県知事の認可を受けなければならないとされている（区画法86①）。換地計画には，換地設計，各筆換地明細，各筆各権利別清算金明細，保留地その他の特別の定めをする土地の明細を定めることとされている（区画法87①）。換地計画の認可を申請する際には，事業計画と同様に，施行地区内の宅地の権利者の同意を得なければならない。

すなわち，個人施行の場合には，施行地区内の宅地について権利を有する者すべての同意を得なければならず，また，区画整理会社施行の場合には，区域内の宅地の所有権者および借地権者すべてのそれぞれの３分の２以上の同意を得なければならない（同意した者の所有地と借地の面積の合計が，同区域内の宅地と借地の総面積の３分の２以上となる必要がある。）（区画法88①）。

また，組合施行の場合には，換地計画について，総会の議決を経なければならない（区画法31八）。

なお，換地計画において換地を定める場合においては，換地および従前の宅地の位置，地積，土質，水利，利用状況，環境等が照応するように定めなければならないとされている（照応の原則。区画法89）。照応の原則に関しては，指定された換地が，地積その他個々的な点において従前の土地と必ずしも符合しない場合であっても，その換地指定処分が直ちに違法とされるものではなく，それが，諸事情を総合的に考察してもなお，従前の土地と著しく条件が異なり，または，格別合理的な根拠なくして，近隣の権利者と比較して甚だしく不利益な取扱いを受けたという場合でない限り，違法ではないと一般的に解されている（土地区画整理事業運用指針Ｖ－２－１）。

最近の仮換地に関する裁判例でも，「土地区画整理は，施行者が一定の限られた施行地区内の宅地につき，多数の権利者の利益状況を勘案しつつそれぞれの土地を配置していくものであり，また，仮換地の方法は多数あり得るから，仮換地を具体的にどのように定めるかについては，土地区画整理法第89条第１項所定の基準の枠内において，施行者の裁量的判断に委ねざるを得ないものである。各従前地と対応する各換地について，宅地の位置や地積等の各要素が個別的に照応していることが望ましいことではあるが，施行地区内のすべての宅地について各要素が個別的に照応するように仮換地を定めることは技術的に不可能ないし極めて困難なことであるから，仮換地指定処分は，定められた仮換地が従前地と比較して照応の各要素を総合的に考慮してもなお，社会通念上不照応であるといわざるを得ない場合に限り，施行者の裁量権の範囲を逸脱しまたは濫用するものとして，これを違法と判断すべきである。」と判示している（宇都宮地判平成30年３月22日）。

実例紹介

照応の原則が争点となった近時の最高裁判例（最判平成24年２月16日）では，仮換地指定処分を受けたマンションの区分所有者で敷地の共有者らが，同処分は照応の原則に違反するとして国家賠償を請求した。本件において，従前の土地と仮換地指定の土地との間の違いは以下のとおりである。

原審（福岡高等裁判所）では，当該仮換地指定処分は照応の原則に反すると判断されたが，最高裁判所は，本件仮換地は，本件従前地とほぼ同じ位置に指定されたいわゆる現地仮換地であること，仮換地の敷地は従前地の地積から５％増加していること，地形による利用価値の減少は認めがたいこと，騒音等の環境条件が悪化しているとはうかがわれないことといった事情を総合的に考慮した結果，照応の原則には反しないと判断した。

従前の敷地	仮換地の敷地
• 正方形に近い形状 • 地積は1,480.03m² • 北側の１辺が幅員約８ｍの道路に，南側の１辺が幅員約５ｍの道路に接している。 • 敷地内マンションの電線は，電柱から引き込まれており，下水の一部は，南側道路の下に埋設された排水管に排出されていた。	• 南東部において正方形の一角が東に向かって張り出した形状 • 地積は1,556m² • 南側道路が廃止された一方，仮換地の東側に新たな道路が設けられ，南東部の張り出した部分が当該道路と接している。 • 北側道路の幅員は17mに増加した。 • 電線は地下埋設方式となり，下水は東側に排出されることとなった。

次に，従前の宅地に関する所有権および地役権以外の権利については，換地の上に存続するように換地計画に定めなければならないとされている（区画法89②）。なお，従前の宅地に存在していた地役権は，換地処分後もなお従前の宅地に存続することとされている（区画法104④）。

個人施行以外の施行者は，換地計画を定めようとする場合，当該換地計画を２週間公衆縦覧に供さなければならないとされており，利害関係者は縦覧期間内に施行者に意見書を提出することができる（区画法88②③）。

(ii)　換地処分の通知・公告・登記

換地処分は，原則として，土地区画整理事業の工事の完了後，遅滞なく，関係権利者に換地計画において定められた関係事項を通知して行われる（区画法103①）。また，換地処分をした場合には，その旨を都道府県知事に届け出なければならず，当該届出を受けた都道府県知事は換地処分があった旨を公告しなければならない（区画法103③④）。

換地処分の効果は，換地計画において定められた換地については，その公告があった日の翌日から従前の宅地とみなされるものとし，換地計画において換地を定めなかった従前の宅地について存する権利は，換地処分の公告日に消滅するものとされている（区画法104①）。また，換地計画において定められた従前の宅地について存した所有権および地役権以外の権利も，換地処分の公告の翌日から換地上に存続することとされている（区画法104②）。

施行者は，換地処分の公告があった場合においては，直ちに，その旨を換地計画に係る区域を管轄する登記所に通知し，土地区画整理事業によって施行地区内の土地および建物に変動があったときは，遅滞なく，その変動に係る登記を申請しなければならない（区画法107①②）。

⑥　保留地の取得

個人施行，組合施行および区画整理会社施行の場合には，土地区画整理事業の費用等に充てるため，換地計画において，一定の土地を換地として定めないで**保留地**として定めることができるとされている（区画法96）。保留地は換地処分の公告があった日の翌日に施行者が所有権を原始取得することとされているが（区画法104⑪），実際には多くの場合，施工費用に充てるために，施行者が所有権を原始取得する前の段階で，施行者は第三者に当該保留地を売却している。

Key Word　保留地の定義

土地区画整理法第96条第1項に基づき，土地区画整理事業の施行費用に充てるため，または規準，規約もしくは定款で定める目的のために，換地として定められなかった土地をいう。

⑦　清算金の徴収・交付

換地処分の結果，従前の宅地と換地との間に不均衡が生ずると認められるときは，土地の位置，地積，土質，水利，利用状況，環境等を総合的に考慮して，金銭により清算することとされており，換地計画において清算額を定めなければならない（区画法94）。

換地計画で定められた清算金は，換地処分の公告があったときに確定し（区画法104⑧），施行者は確定した清算金を徴収し，または交付しなければならないとされている（区画法110①）。

清算金の算出方法に関する具体的な規定は定められていないため，施行者の裁量が一定程度認められていると解されているが，清算金の算定に違法があった場合には換地処分が取り消される可能性もある。

なお，仮換地の売買等が行われた場合に，売買等の当事者間で清算金の義務のことを十分認識しないまま取引が行われたため，後日清算金の徴収等が行われる際，売主，買主，当該事業の施行者等の間でその処理をめぐって深刻な争いとなっている場合が多いとの指摘がされている（土地区画整理事業運用指針V－2－2(4)）。

このような事態を回避するためには宅地建物取引業者が施行地区内の仮換地の売買等の取引に関与する場合は，重要事項説明時にその売買，交換および貸借の当事者に対して，換地処分後に清算金の徴収等が行われることがあることを説明することが推奨されている（同運用指針）。

(4)　権利者の保護

①　損失補償

(i)　移転等に伴う損失補償

土地区画整理法第77条第1項に基づき施行者が建築物等を移転し，もしくは除却したことにより他人（当該建築物等の所有者や賃借人を含む。）に損失を与えた場合，施行者は，その損失を受けた者に対して，通常生ずべき損失を補償しなければならない（区画法78①）。

実例紹介

移転等に伴う損失補償について争われた裁判例として，静岡地裁浜松支判平成23

年９月12日がある。

この事例では，施行地区内に土地建物を所有していた原告と施行者（市）との間で，曳家工法による建物の移転を前提とした損失補償契約が締結されていたが，その後，再築工法での移転による必要があることが判明したため，原告が，この方法による移転を前提とした損失補償の支払いを請求したという事案である。

裁判所は，損失補償契約締結後の原告と施行者の担当者とのやり取りの経緯に照らすと，土地区画整理法第78条第３項が準用する同法第73条第２項にいう協議を改めて行うこととしたということができるため，原告は同法第78条第１項に基づき損失補償を請求しうることとなると判断し，最終的な結論として，原告の請求を一部認容した。

(ii) 仮換地指定による損失補償

仮換地指定の効力発生日（区画法98⑤）とは別の日を仮換地の使用・収益を開始することができる日として定められたことによって，従前の宅地の所有者その他当該宅地の権利者が損失を被った場合，これらの権利者は当該損失の補償を施行者に請求することができる（区画法101①）。また，仮換地指定によって，当該仮換地の使用・収益ができなくなった仮換地の所有者等についても，このことによって被った損失の補償を施行者に請求することができる（区画法101②）。

② 減価補償金

地方公共団体，都市再生機構または地方住宅供給公社による施行の場合において，土地区画整理事業施行後の宅地の価額の総額が土地区画整理事業施行前の宅地の価額の総額よりも減少した場合，施行者は，その差額に相当する金額を従前の宅地の所有者および宅地の使用収益権者に交付することとされている（区画法109）。

③ 権利関係の調整

土地区画整理事業は，従前の権利関係に影響を及ぼし，場合によっては，当事者間において権利関係の調整が必要となる場合が想定されるため，土地区画整理法は，第113条以下で権利関係の調整に関する規定を定めている。なお，土地区画整理法第117条で権利行使期限は２か月間に限定されているので，注意が必要である。

(i)　地代等の増減請求等（区画法113）

土地区画整理事業の施行によって，地上権，永小作権，賃借権その他の土地を使用し，もしくは収益することができる権利の目的である土地が増し，または妨げられるに至ったため，従前の地代，小作料，賃貸借料その他の使用料の対価が不相当となった場合においては，当事者は，契約の条件にかかわらず，将来に向かってこれらの増減を請求することができることとされている。

なお，地代等の増額の請求があった場合，使用収益権者は，その権利を放棄し，その義務を免れることができる。

(ii)　権利の放棄等（区画法114）

土地区画整理事業の施行により地上権，永小作権，賃借権その他の土地について使用し，もしくは収益することができる権利または地役権を設定した目的を達することができなくなった場合においては，これらの権利を有する者は，その権利を放棄し，または契約を解除することができる。また，本条に基づき権利を放棄した者は，施行者に対して，その権利を放棄したことにより生じた損失の補償を求めることができる。

(iii)　地役権設定の請求（区画法115）

土地区画整理事業の施行により従前と同一の利益を受けることができなくなった地役権者は，その利益を保存する範囲内において地役権の設定を請求することができることとされている。

ⅳ 移転建築物の賃貸借料の増減の請求（区画法116）

土地区画整理事業の施行により建築物が移転された結果，その建築物の利用が増し，または妨げられるに至ったため，従前の賃借料が不相当となった場合においては，当事者は，契約の条件にかかわらず，将来に向かって賃貸借料の増減を請求することができる。なお，当該規定により賃料の増額の請求があった場合において，賃借人は，賃貸借契約を解除してその義務を免れることができる。また，土地区画整理事業の施行により建築物が移転された結果，その建築物を賃借した目的を達することができなくなった場合においては，建築物の賃借人は，その契約を解除することができ，さらに，当該契約を解除したことにより生じた損失の補償を施行者に請求することができる。

④ 不服申立て

土地区画整理法第127条に規定するものを除き，土地区画整理組合，区画整理会社，市町村，都道府県または都市再生機構等が土地区画整理法に基づいてした処分その他公権力の行使に当たる行為に不服がある者は，都道府県知事または国土交通大臣に対して審査請求をすることができる。

第3章

都市再開発事業の会計・税務

本章のポイント

【会計上のポイント】
会計は，企業活動の実態を表すものでなければならない。したがって，再開発の実態に合致した会計処理を行う必要がある。再開発を税制の面から後押しすることが目的である法人税法の考え方との違いに留意する必要がある。

【税務上のポイント】
市街地再開発事業の目的は「土地の合理的かつ健全な高度利用と都市機能の更新を図ること」であり，再開発事業の円滑な推進にあたっては，再開発後においても権利者や借家人に不利益が生ずることがないことが１つのポイントとなる。この観点において，税制上は市街地再開発事業に関連して各種優遇制度が設けられている。

本章では，第一種市街地再開発事業の関与者について整理した上で，会計の基本的考え方，再開発の各段階における会計上の論点，税務に関する優遇制度の概要について解説する。

1　権利者および借家人における第一種市街地再開発事業の対応パターン

(1)　権利者

第一種市街地再開発事業の権利者は，以下の３つのパターンを選択することになる。

① 権利変換を受ける

権利変換とは，権利者が保有する従前資産である土地，借地権，建物に対応する従前資産と等価の床である権利床が金銭の授受を行わずに権利者に交付される制度である。

なお，権利変換認可時点の従後資産の価格は概算値であるため，その後の設計変更や工事費の増減により，総事業費が確定することにより，最終的な床価額が確定した後に精算する必要がある。

② 地区外転出申出により金銭給付を受ける

転出とは，事業を円滑に進めるため従前資産の土地，借地権，建物を権利変換せずに金銭補償を受けて地区外に出ることである。権利変換を希望せずに転出により補償金を受けるためには権利者は施行者に対し施行認可の公告があった日から30日以内に金銭給付等の申出をする必要がある。

③ 一部権利変換，一部転出

権利者の選択で，従前資産の一部を権利変換し，残りの一部については金銭給付の申出をして補償金を受領するケースもある。

⑵ 借家人

借家人は関係権利者と位置づけられ，以下の２つのパターンが考えられる。

① 従後建物に借家継続する。

② 借家権消滅希望の申出により転出する。

2 増床，保留床処分，参加組合員制度

市街地再開発事業の資金調達手段として，地方自治体からの補助金交付に加えて，増床，保留床処分，参加組合員制度が採用されている。市街地再開発事業の施行の結果，土地の高度利用によって生み出される新しい床等を処分する

ことで，事業費を確保することになる。

⑴　増　床

権利者は権利変換により権利床を取得するが，施行者に増床負担金を支払うことで追加的に床を取得することができる。増床は権利変換計画書の１表または保留床に記載される。

⑵　保留床処分

保留床処分にあたっては，保留床購入者と市街地再開発組合の間で保留床譲渡契約を締結し，工事完了後に土地，建物の引渡しが行われる。

⑶　参加組合員制度

参加組合員制度は，第一種市街地再開発事業に参加することを希望する不動産賃貸業者等が市街地再開発組合における参加組合員として組合員となり，参加組合員は取得する保留床の価額に相当する負担金を組合に支払うことになる。

3　都市再開発の会計処理（会計）

⑴　基本的な考え方

再開発は，既存の経営資源（既存の土地建物，資金）を投入して，新しい不動産を作る行為と考えられる。既存の土地建物の投入については，①これまで別の事業の用に供してきた不動産を再開発するケース，②当該再開発に投入する目的で不動産を取得するケースがあり，会計上は実態を反映した会計処理を行うこととなる。

①　再開発事業（単なる建替えではない場合(※)）のケース

（※）　都市計画に基づき土地の高度利用を行うケース，他の敷地の一体での再開発するケースなど。

これまで事業の用に供してきた不動産を再開発する場合には，既存の建物は，その敷地が再開発に投入される際に，土地と切り離されて清算されると考えられる。その場合，減損損失や除却損，解体損失が生じることになる（耐用年数経過に伴う単なる建替えの場合には，耐用年数の変更が実態に合った会計処理となることも考えられる。）。

一方で，土地を当該再開発に投入する目的で取得後解体予定の建物付き土地を取得した場合には，取得原価を土地に計上することが考えられる。

図表3－1　再開発事業（単なる建替えではない場合）の会計処理イメージ

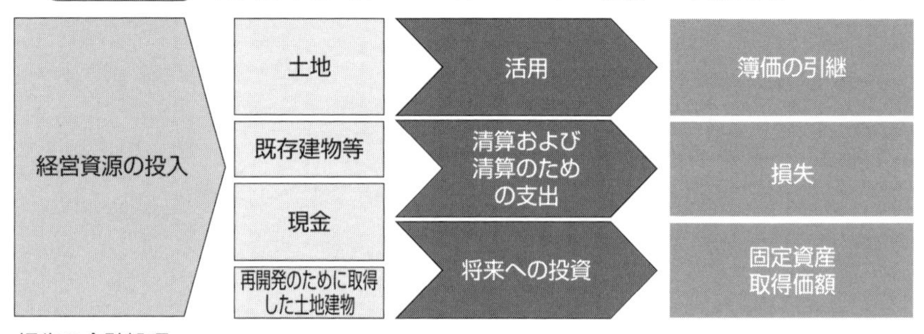

損失の会計処理

既存建物等の簿価	再開発事業の用に供される土地と切り放されキャッシュ・フロー生成能力を失った時に減損損失の計上が必要となると考えられる。
清算のための支出	立退料，撤去・解体費用の計上が必要となる。認識のタイミングについては再開発の実態，進捗をふまえた検討が必要となる。

②　都市再開発法に基づく市街地再開発事業のケース

既存の土地建物が権利床に変換されるため投資が継続していると考えることが合理的な場合が多いと考えられる。その場合には，権利変換時など適切なタイミングで，既存の土地建物を建設仮勘定等に振り替え，工事竣工後の再開発組合等からの引渡し時に土地や建物等の勘定に振り替えることになる。

なお，当ケースでは，既存の不動産を再開発に投入するケースと再開発のために取得した不動産を投入するケースのどちらであっても会計処理は同じになると考えられる。

税務上は，権利変換時および引渡し時に交換差益が生じることになるが，これに対して課税の繰延べのための圧縮記帳を行う場合，会計処理が要件となるため必要な会計処理を行うことになる。

図表3－2　都市再開発法に基づく市街地再開発事業の会計処理イメージ

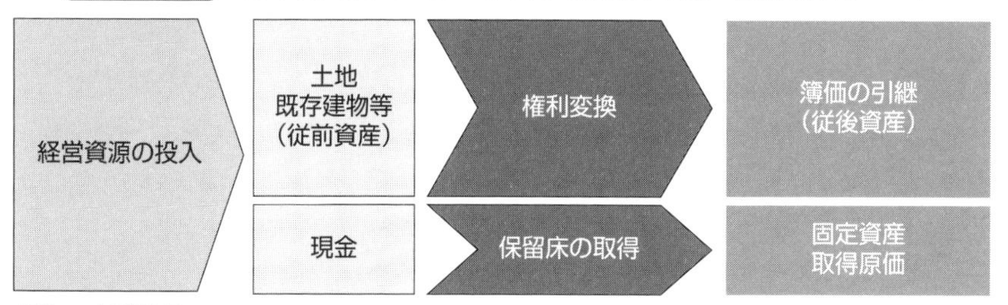

損失の会計処理

既存建物等の簿価	開発後の従後資産からのキャッシュ・フローで簿価が回収できるのであれば，減損損失は生じない。
清算のための支出	施行者（再開発組合や再開発会社）において移転補償金（立退料）の支払，撤去・解体が行われるため通常生じない。

③　土地区画整理法に基づく土地区画整理事業のケース

既存の土地を投入し，これに見合う新たな整形された土地を取得することになる。土地の価値は維持されるという基本的な考え方に基づく事業のため，投資は継続していると考え，土地の簿価を引き継ぐことが合理的と考えられる。

一方で，建物については，①の通常の再開発のケースと同様に一度清算する必要が生じるが，その建物の価値とその撤去費用等については移転補償金を受け取ることになる。仮換地指定時など適切なタイミングで，建物の撤去に要する損失と受け取ることができる移転補償金の額に応じた会計処理が必要となることに留意が必要となる。

一方で，税制上は再開発を促進するための圧縮制度があるため，その影響を受ける。

図表３－３　土地区画整理法に基づく土地区画整理事業の会計処理イメージ

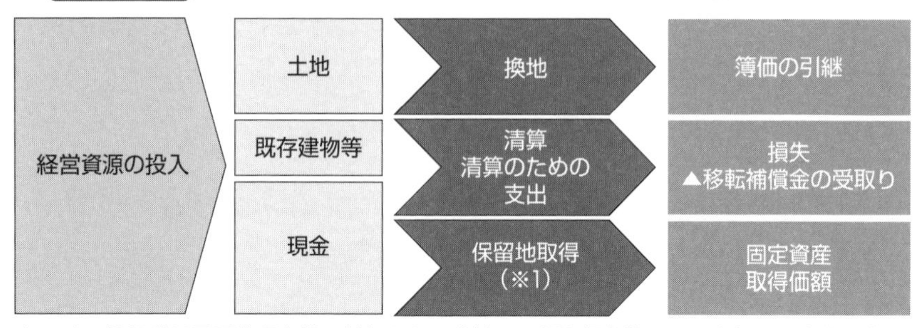

（※１）　施行者は区画整理事業の対象となる土地の一部を保留地として売却し，事業資金とする。

損失の会計処理

既存建物等の簿価	土地区画整理事業の用に供される土地と切り放されキャッシュ・フロー生成能力を失った時に減損損失の計上が必要となると考えられる。
清算のための支出	立退料，撤去・解体費用の計上が必要となるが，移転補償金を受け取ることとなるため，損失額の認識のタイミング，測定については実態を踏まえた検討が必要となる。

⑵　市街地再開発事業に係るフェーズごとの会計論点

第１章にて，市街地再開発事業の一般的なスケジュールについて説明している。ここでは，それを再掲し，各フェーズで生じる会計上の論点を概観したい。なお，詳細な説明は，関連する章を参照いただきたい。

図表３－４　市街地再開発事業の一般的なスケジュール

①調査・計画
②都市計画
③事業計画・権利変換
④除却・工事等

地元説明会
関係機関との協議
協議会，勉強会，準備組合の設立

都市計画手続開始
都市計画決定
事業計画等の認可申請
事業計画等の決定・認可
評価基準日
権利変換計画書の縦覧
権利変換計画の決定・認可
権利変換期日
明渡し
工事着手
工事完了・まちびらき
清算・組合の解散

（出所）　一般社団法人再開発コーディネーター協会ホームページを参考に筆者作成

フェーズ	実施すること	会計論点	参照する章
調査・計画	行政との協議 地権者との協議 事業採算性を都度検討	調査・計画に要する支出は原則費用処理	－
都市計画決定	（行政）都市計画の決定	－	－
事業計画認可	事業計画，資金計画の作成 事業計画の決定・認可	権利変換までの旧土地建物	第4章
権利変換	権利変換計画の決定・認可 91条補償金（対価補償金）の支払および受取り 97条補償金（通損補償金）の支払および受取り 権利変換の実施 保留床処分先決定	権利変換時の会計処理	第4章
		97条補償（通損補償）の取扱い	第4章
		転出に関する会計処理	第5章
		市街地再開発組合の連結の可否	第7章
解体工事	（施行者）解体工事の発注	－	
新築工事	（施行者）新築工事の発注 テナント募集活動	不動産の再開発に係る棚卸資産の評価および固定資産の減損会計 ※スケジュール全体で検討が必要	第6章
竣工	建物の引渡し	権利床引渡時の会計処理	第4章
		保留床の取得者および参加組合員の会計	第6章

(3)　土地区画整理事業の会計論点

第1章にて，土地区画整理事業の一般的なスケジュールについて説明している。ここでは，それを再掲し，各フェーズで生じる会計上の論点を概観したい。なお，詳細な説明は，関連する章を参照いただきたい。

土地区画整理事業のスケジュールも市街地再開発事業と大きな流れは同じであり，会計論点についても市街地再開発事業の場合と共通するものも多い。

ただし，既存の土地建物の清算を各社で実施するのか，再開発組合で実施するのかが相違点となるため留意が必要である。

図表3－5　土地区画整理事業の一般的なスケジュール

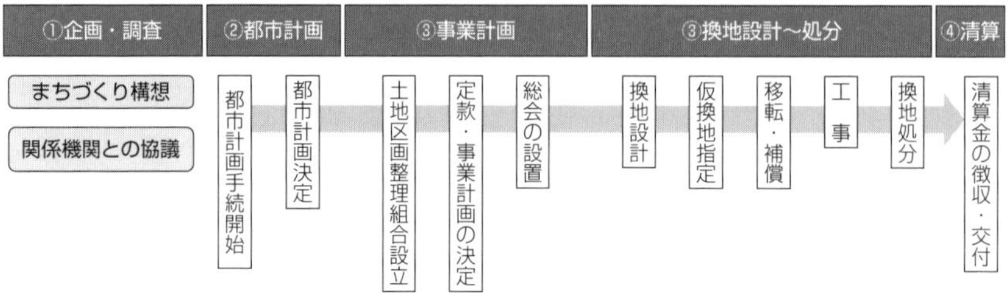

①企画・調査　②都市計画　③事業計画　③換地設計～処分　④清算

まちづくり構想
関係機関との協議
都市計画手続開始
都市計画決定
土地区画整理組合設立
定款・事業計画の決定
総会の設置
換地設計
仮換地指定
移転・補償
工事
換地処分
清算金の徴収・交付

（出所）公益社団法人街づくり区画整理協会ホームページを参考に筆者作成

フェーズ	実施すること	会計論点	参照する章
調査・計画	行政との協議 地権者との協議 事業採算性の評価	調査・計画に要する支出は原則費用処理	－
都市計画決定	（行政）都市計画の決定	－	－
事業計画認可	事業内容，資金計画の作成 事業計画の決定・認可	－	－
仮換地指定	換地計画に基づいて，土地の形状，地積を決定 テナントの立退き 移転補償金の支払および受取り	既存建物簿価の会計処理 解体費の会計処理 立退料の会計処理 補償金の会計処理	第8章
解体工事	解体工事の発注	解体費の会計処理	第8章
整地工事	（施行者）	－	－
換地処分	土地の引渡し	換地処分時の会計処理	第8章

4 市街地再開発事業に係る優遇税制 税務

市街地再開発事業関係の税制優遇措置としては，権利床取得者向け，地区外転出者向け，保留床取得者向けに，法人，個人を問わず，図表3－6のような優遇措置が設けられている。本書においては，主に法人に適用されるこれらの

図表3－6　税制優遇措置

地区外転出者	権利床取得者	保留床取得者
①所得税，法人税 ・代替資産取得の特例又は5,000万円特別控除（第一種事業の場合は，やむを得ない事情による転出等に限る。） ・地方公共団体買取時等の2,000万円特別控除（第一種） ・市街地再開発促進区域内の買取請求時の1,500万円特別控除（第一種） ・組合等買取時の軽減税率の特例（第一種） ②不動産取得税 ・代替資産について従前資産額相当分控除	①所得税，法人税 ・従前資産の譲渡がなかったものとみなす ・清算金等について代替資産取得の特例又は5,000万円特別控除 ②法人税，法人住民税，事業税 ・グループ法人税制の適用者に権利変換による権利変動があった場合における課税の繰り延べの継続 ③登録免許税 ・事業の施行のため必要な登記について非課税 ④不動産取得税 ・課税標準の算定において従前資産の価額割合相当分控除 ⑤固定資産税（対象：権利床取得者） ・床面積が50m²以上（借家は40m²以上）280m²以下である権利床のうち住宅居住用は2/3を，住宅非居住用・非住宅は，第一種事業の場合は1/4を，第二種事業の場合は1/3を，新築後5年間減額	①所得税，法人税 ・三大都市圏の既成市街地等の資産を譲渡して施設建築物及びその敷地を取得した場合の事業用資産の買換特例（繰延割合80%） ②固定資産税 ・高度利用地区適合建築物に対する不均一課税

（出所）国土交通省都市局市街地整備課　令和2年5月　市街地再開発事業の税制優遇措置について（概要パンフレット）

税制優遇措置について解説していく。

権利変換，建物竣工および価格の決定，増床および保留床，ならびに転出に関連する課税関係は，圧縮記帳のほか，法人税，消費税，登録免許税，不動産取得税，固定資産税などについて特例や軽減措置，その他検討すべき税務処理がある。それぞれの課税関係の概要は図表３－７のとおりである。

図表３－７　課税関係と税務処理

時期	税目	税務処理の概要
権利変換時	法人税	圧縮記帳（措法65①四）
	消費税	不課税（建設省　平成２年３月14日付け　国税庁回答）
	登録免許税	非課税（都再法90，登免法５①七）
	不動産取得税	原則として課税されない（地法73の14⑧）。ただし，都市再開発法第110条については軽減措置の要件を満たす必要がある（平成２年３月31日　建設省都市再開発法第40号）
	固定資産税	権利変換により取得した土地の従後資産（施設構築敷地）に対しては課税される（施設構築物の一部を取得する権利等は固定資産ではないので課税されない）
建物竣工時もしくは価額の確定時	法人税	①２回目の圧縮記帳の適用（措法65①四）
		②取得した固定資産の台帳作成，耐用年数の検討，減価償却費の計上等
		③建物の取得と価額の確定の間に決算が到来する場合は，価額の確定に伴う修正処理が必要となる
		④清算金 徴収：増床と同様の処理 交付：5,000万円控除もしくは圧縮記帳の適用
	消費税	不課税（建設省　平成２年３月14日付け　国税庁回答）
	登録免許税	非課税（都再法101，登免法５①七）
	不動産取得税	原則として課税されない（地法73の14⑧）。ただし，

		都市再開発法第110条については軽減措置の要件を満たす必要がある（平成２年３月31日　建設省都市再開発法第40号）
	固定資産税・償却資産税	①従後資産である建物等に対して課税される（一定の軽減措置あり） ②取得した減価償却資産に対する償却資産申告
増床取得時および保留床取得時	法人税	①台帳作成，耐用年数の検討，減価償却費の計上 ②保留床については，一定の要件を満たすときは買換特例の適用がある（措法65の７表四）
	消費税	課税（取得した建物等および取得に要した費用等）
	登録免許税	課税
	不動産取得税	課税
	固定資産税	①原則として課税（地方により減免あり） ②取得した減価償却資産に対する償却資産申告
転出時	法人税	①圧縮記帳（措法64①三の二，六） ②5,000万円控除（措法65の２）
	消費税	対価補償金：建物課税，土地非課税 通損補償金：不課税
	登録免許税	課税
	不動産取得税	代替資産は原則として課税されない（地法73の14⑧二）

第4章

第一種市街地再開発事業における権利者の会計・税務

本章のポイント

本章では，都市再開発法に基づく市街地再開発事業に関する権利者の観点から，権利変換および権利者に対する補償に関する会計・税務の処理について解説する。

税務では各項目につき詳細な規定に基づく処理を行うが，会計には特別の規定はなく取引実態に応じた会計処理を行うことが求められる。

1 権利変換の概要

第一種市街地再開発事業における都市計画の決定，事業計画の認可，さらに権利変換計画の認可が下りると，実際に権利者が所有する土地・建物等の権利関係を調整して，新しくできる建物の床の権利（施設建築物の一部を取得する権利，施設建築物に関する権利を取得する権利）や建物の敷地（施設建築敷地，施設建築敷地に関する権利）に変換することになる。これを権利変換といい，権利変換が施行される日を権利変換期日という（図表４－１）。

上記の権利者が法人であるときは，保有していた土地・建物等（従前資産）を譲渡し，代わりに従後資産を取得することになる。権利変換の形態により，従後資産の内容が異なる。また，権利変換に伴い補償金を受領するが，これらの取扱いは10以降を参照されたい。

図表４－１　市街地再開発事業の一般的なスケジュール

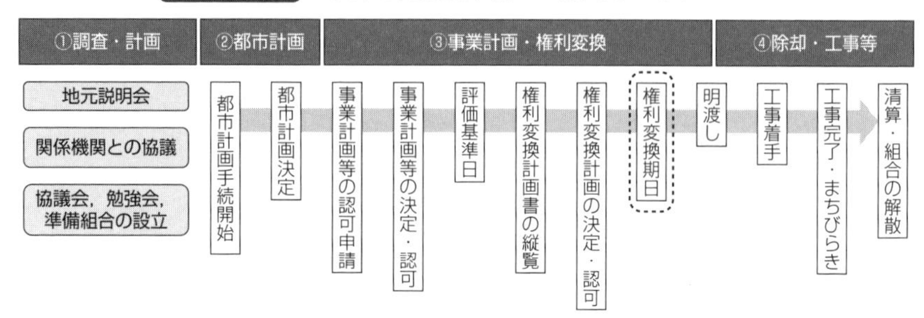

（出所）　一般社団法人再開発コーディネーター協会ホームページを参考に筆者作成

①　原則型

	従前資産	従後資産
土地	所有していた土地	施設建築敷地もしくはその共有持分（事業前の土地は原則として合筆され一筆となり，土地の共有持分を取得する。）（合意により，一筆の土地としない特例（都再法110の４）がある。）。
建物	所有していた建物	施設建築物の一部を取得する権利（建物を取得する権利を取得し，区分所有することとなる。）。
地上権	借地権	地上権の共有持分。床所有者が一筆となった土地を使用する権利として地上権が設定される。地上権は，床所有者全員の共有持分となる。二筆以上の土地となる110条の４の特例では，施設建築敷地の共有持分を取得しないときは，地上権の設定が必要となる。

図表４－２　原則型（地上権設定型）

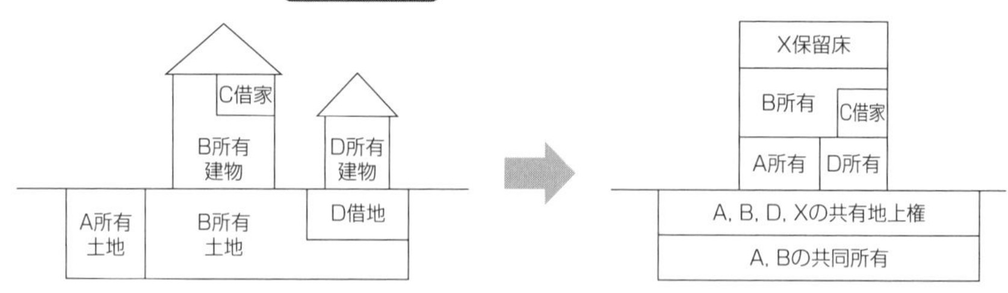

図表4－3　施設建築敷地を一筆の土地としないこととする特例（110条の4）

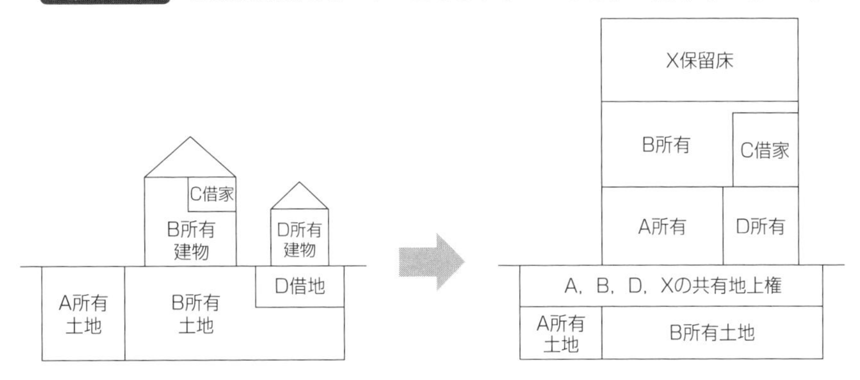

②　地上権非設定型（都再法111）

	従前資産	従後資産
土地等	所有していた土地または借地権	施設建築敷地の共有持分（事業前の土地は合筆され一筆となり，保留床取得者を含めて土地の共有持分を取得する。）。
建物	所有していた建物	施設建築物の一部を取得する権利（建物の床の権利を区分所有することとなる。）。
地上権	借地権	なし（保留床の取得者も含めて権利者全員が土地を共有で取得するため，設定されない。）。

図表4－4　地上権非設定型（111条型）

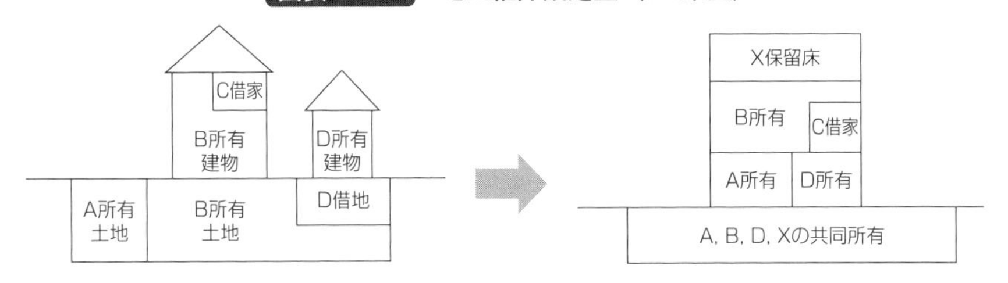

③　全員合意型（都再法110関連）

権利者全員が合意をすれば，上記の原則型や地上権非設定型によらずに権利変換を行うことができる。ここでいう権利者は，事業前の土地所有者，借地権者，借家権者，抵当権者および参加権利者を含むすべての権利者をいう。

上記の権利変換を行った権利者（上記図表４－２～４のA，BおよびD）は，権利変換期日において市街地再開発組合へ従前資産の譲渡が実行されることになる。新たに取得する土地等および建物（権利床）の価額が従前資産の簿価を上回るときは，譲渡益が発生することになる。資産の譲渡により生じた譲渡益は，原則として法人税の課税の対象となり，法人税を納付する義務が生じる。

2　権利変換までの土地建物（会計）

デベロッパーが権利者と関与する場合，賃貸用不動産として利用してきた資産を投入するケースと再開発のために既存資産を取得するケースがあり，それぞれの経済実態に応じた会計処理が必要となる。

(1)　土地建物の簿価について

都市再開発法に基づく市街地再開発事業においてデベロッパーが権利者となる場合，権利変換を通じて，保有する現状有姿の土地建物と交換に，これと等価の新建物を取得する。そのため，デベロッパー自身が建物を解体撤去する局面を持たず，通常保有時の会計処理を継続することとなる（耐用年数を短縮して減価償却する等の処理を行う必要がない。）。

なお，都市再開発法に基づかない再開発事業では，新たな建物の建設に先立ち保有する建物の使用を中止，解体することで建物が無価値となるため，減損や耐用年数の短縮など簿価を減少させる会計処理が必要になるという点で異なる。これは，市街地再開発事業では，権利変換という交換を通じて保有する建物の価値が新建物へと維持される結果，保有する建物の簿価を減少させる会計処理を行う必要がないことにより生じる違いであるといえる。

また，この点は，土地区画整理事業と比較すると，土地区画整理事業では土地のみの交換であり建物自体は対象とならないことから，価値が維持されず建物の簿価を減少させる会計処理が必要になるという違いがある。

(2)　既存建物の解体について

都市再開発法に基づく市街地再開発事業では，再開発組合等が開発施工主体となり，建物の解体と新建物の建設を行う。権利者であるデベロッパーは，保有する土地建物と交換に，これと等価の新建物の権利を取得するにすぎないことから解体行為を行わないため解体損失は生じない。

なお，再開発組合の再開発事業推進に必要な資金は土地の高度利用で新たに生み出された床である保留床の譲渡対価で賄われることから，デベロッパーが保留床を取得する場合，デベロッパーによる保留床取得対価から再開発組合等の解体料が支払われることになるが，保留床取得が，それ自体で経済合理性のある外部からの資産の取得であれば，通常の建物取得と同様に会計処理されることとなる。

この点，都市再開発法に基づかない再開発事業では，デベロッパーが既存建物の解体と新建物の建設を行うことから，既存建物の解体損失に係る会計処理を伴う点で相違が生じることになる。

3　権利変換から価額の確定までの税務　税務

(1)　譲渡益の課税と圧縮記帳

1の権利変換に伴い譲渡益が発生したときは，原則として法人税の課税の対象となる。一方で，対価として取得するものは同価値の資産であり，金銭の受領を伴わず，あくまでも等価交換であることから担税力がなく，また必ずしも権利者の意思や希望に基づく取引とはいえない。権利者である法人が新たに従後資産を取得したことに起因して課税を行うことは，市街地再開発の促進の弊害になるという政策的な見地から，等価交換により生じた譲渡益に対しては，法人税の課税所得の計算上，圧縮記帳を行うことが認められている。

(2) 課税関係の概要――権利変換から価額の確定まで

権利変換，建物竣工および価格の決定に関連する課税関係は，上述の圧縮記帳のほか，法人税，消費税，登録免許税，不動産取得税，固定資産税などについて特例や軽減措置，その他検討すべき税務処理がある。それぞれの課税関係の概要は図表４－５のとおりである。

図表４－５　権利変換，建物竣工および価額の確定時の課税関係

時期	税目	税務処理の概要
権利変換時	法人税	都市再開発法による第一種市街地再開発事業が施行された場合において，権利変換に伴い取得した資産について譲渡資産を控除した残額の範囲内で損金経理をしたときは，その減額相当金額を，その事業年度の所得の金額の計算上，損金の額に算入する（措法65①四）。 １回目の圧縮記帳
	消費税	権利変換により取得した権利床および施設建築敷地の取得は消費税法上，不課税取引となる（建設省　平成２年３月14日付け　国税庁回答）。
	登録免許税	権利変換により取得した権利床および施設建築敷地の取得にかかる登記は非課税となる（都再法90，登免法５①七）。
	不動産取得税	権利変換により取得した権利床および施設建築敷地の取得については，原則として課税されない（地法73の14⑧）。ただし，都市再開発法第110条については軽減措置の要件を満たす必要がある（平成２年３月31日建設省都市再開発法第40号）。
	固定資産税	権利変換により取得した施設建築敷地に対して課税される（権利床は家屋ではないので課税されない。）。

時期	税目	税務処理の概要
建物竣工時もしくは価額の確定時	法人税	①都市再開発法による第一種市街地再開発事業の工事が完了して明渡しを受けた場合において，取得した資産について譲渡資産を控除した残額の範囲内で損金経理をしたときは，その減額相当金額を，その事業年度の所得の金額の計算上，損金の額に算入する（措法65①四）。［２回目の圧縮記帳］
		②取得した建物等について，資産（建物附属設備，構築物等）区分をして固定資産台帳を作成する。資産ごとに耐用年数を検討し，減価償却費を計上する。
		③建物等の明渡しと価額の確定の間に決算が到来する場合は，価額が確定した事業年度において修正処理が必要となる。
		④価額の確定時に発生する清算金の取扱い 徴収の場合：増床として取り扱われ，建物等の取得価額に追加される。また，消費税は課税取引となる。 交付の場合：5,000万円控除もしくは代替取得の特例の適用がある。
	消費税	権利変換により取得した建物等および土地等の取得は消費税法上，不課税取引となる（建設省　平成２年３月14日付け　国税庁回答）。
	登録免許税	権利変換により取得した建物等および土地等の取得にかかる登記は非課税となる（都再法101，登免法５①七）。
	不動産取得税	原則として課税されない（地法73の14⑧）。ただし，都市再開発法第110条については軽減措置の要件を満たす必要がある（平成２年３月31日　建設省都市再開発法第40号）。
	固定資産税・償却資産税	①権利変換により取得した建物等に対して課税される（建物等に対して一定の軽減措置あり）。 ②取得した建物等のうち，減価償却の対象となる受変電設備，機械式駐車場設備，外構設備等，一定の建物附属設備・構築物，機械装置，器具工具備品に対して，翌年１月までに償却資産申告が必要となる。

4 権利変換時──法人課税の取扱い 会計 税務

(1) 圧縮記帳（法人税法）

前述のとおり，権利変換により譲渡益が発生したときは，原則として権利変換期日の属する事業年度において法人税の課税の対象となるが，一定の要件のもと，圧縮記帳を行うことが認められている（措法65①四）。

なお，ここでいう譲渡益は従前資産の土地・建物の簿価と従後資産の土地・建物の価額の差額に対して発生した譲渡益をいう。

(2) 法人税法で認められる圧縮記帳の会計処理

従前資産から従後資産への権利変換は，等価交換であることから，引き続き同じ資産を継続して保有しているものとして取り扱う。具体的には，法人税法上は，直接簿価減額方式のみ認められており，従後資産を従前資産の簿価で記帳する必要がある。法人税法においては，直接簿価減額方式のほか圧縮積立金方式（決算の利益処分時において圧縮勘定による積立金を経由して，税務申告において減算調整を行う方式）があるが，権利変換にかかる圧縮記帳ではこの積立金方式は認められていない。また，会計監査の対象となる法人の会計処理もこの直接簿価減額方式となる（日本公認会計士協会監査第一委員会報告第43号）。

なお，税務上の特例として，譲渡資産の帳簿価額に取得のための付随費用を加算した金額以上の金額を交換取得資産の取得価額とする方法が認められている（措通64(3)−17）。

(3) 法人税法上の論点

圧縮記帳の適用にあたり，税務上検討すべき事項がいくつかある。

1つは，圧縮限度額の適切な算定である。詳細は，下記(4)　圧縮記帳の税務のポイント，および(5)　設例に基づく仕訳処理を参照されたい。

一方，再開発組合等に従前資産を譲渡するときは，譲渡益のみならず譲渡損が発生することが考えられる。つまり，従後資産の価額が従前資産の簿価を下回るときに，税務上簿価切下げを認識することができるのかという疑問が生じる。

税法上の趣旨として，従後資産の価額が従前資産の簿価を下回るときは，圧縮記帳の適用をするまでもなく，譲渡損を認識することになると考えられる。ただし，譲渡損を認識するときは，全体的な取引の事実関係から判断し，課税上の弊害が生じないことを前提とすべきである。

例えば，権利者の取得時期や再開発会社が権利変換の直前にプレミアムを含めて通常より高値で買い取るなど，取引金額の経済合理性に疑義が生じる場合は，税務上当該減額を否認される可能性も考慮に入れておくべきであり，譲渡損による簿価減額の処理は総合的に判断して行う必要がある。

なお，会計上の処理において譲渡損の認識をしないときは，税務上の処理をもって譲渡損の認識が可能かどうかについても検討が必要と考えられる。会計上の従前資産の簿価が，税務上の従前資産の簿価と相違している場合，例えば，過年度において減損会計により従前資産に対して簿価の切下げが実施されているとき，もしくは，資産再評価法に基づく土地の再評価が行われて，従前資産に紐づく土地再評価差額金とこれにかかる繰延税金勘定が計上されているときなどにおいて，会計処理の内容の検討と税務における実現状況については十分な検討が必要と考えられる[1]。

(4)　圧縮記帳の税務のポイント

前述のとおり，権利者である法人が権利変換に伴い取得した従後資産の価額が従前資産の簿価を上回るときは，権利変換に伴う圧縮記帳の適用があるが，当該処理は法人の任意であり，強制適用ではない点に留意する必要がある。圧縮記帳の適用を受ける法人は，税務上の圧縮記帳の要件を満たす内容であることを確認し，かつ，申告手続を適切に行う必要がある。

1　会計処理と税務処理の兼ね合いからこれらの税務リスクが残るときは，国税当局に事前照会をする等，リスク低減を図ることを提案する。

図表4－6　税務上の要件

適用対象法人	権利変換により従後資産を取得する法人
対象資産	• 権利変換の対象となる土地等，建物等 • 用途制限なし，所有期間の要件なし
申告要件	①別表十三(四)「収用換地等に伴い取得した資産の圧縮額等の損金算入に関する明細書」に圧縮限度額の計算の明細を記載の上，権利変換期日の属する事業年度の法人税申告書に添付 ②施行者が発行した権利変換の証明書「都市再開発法による第一種市街地再開発事業の施行に伴う権利変換に係る資産である旨の証明書」[2]を上記明細書に添付（措法65④，措規22の2④）
圧縮限度額	交換取得資産の価額－譲渡原価
譲渡原価	従前資産の譲渡直前の帳簿価額（税務上の帳簿価額[3]）＋譲渡経費[4]（従前資産を譲渡するために直接，かつ，通常要する費用）（措令39の2④）

その他留意すべき税務論点およびその取扱いとして，以下の事例が挙げられる。

2　この証明書にかかる記載内容の詳細については，発行前に課税当局との事前協議の実施を行うことが望ましい。

3　税務上の帳簿価額とは，例えば減価償却超過額による税務上と会計上の資産の価額に差異がある場合は，会計上の帳簿価額に減価償却超過額等の申告調整金額を加味した金額をいう。

4　譲渡経費とは，租税特別措置法関係通達64(2)－30によると以下に掲げる経費とされている。なお，当該通達は補償金と譲渡経費の関係を定めたものであるが，圧縮限度額計算においてどのような費用が考慮されるべきか検討する際に準用すべきものと考えられる。

(1)　譲渡に要したあっせん手数料，謝礼

(2)　譲渡した資産の借地人または借家人等に対して支払った立退料

(3)　資産が取壊しまたは除去を要するものである場合における取壊しまたは除去の費用

(4)　当該資産の譲渡に伴って支出しなければならないことになった次に掲げる費用

　イ）建物等の移転費用

　ロ）動産の移転費用

　ハ）仮住居の使用に要する費用

　ニ）立木の伐採または移植に要する費用

(5)　(1)～(4)までに掲げる経費に準ずるもの

図表4－7　留意すべき税務論点

減価償却	施設建築物の一部を取得する権利（権利床）は減価償却資産ではないので減価償却による費用化はできない。
グループ法人税制	グループ法人税制の適用法人に対し第一種市街地再開発事業による権利変換があったときは，引き続き譲渡法人において課税の繰延べを継続することができる（法法61の13①，法令122の14③）[5]。
土地重課不適用	権利変換に係る圧縮記帳の適用を受けた従後資産を譲渡した場合の土地重課については，従前資産の取得日を引き継ぐ（措令38の4㊴）。
特別土地保有税	施設構築物敷地の取得または保有に対しては非課税（地法586②二十の三）。なお，2003年度以降は新規課税が停止されている。
固定資産税	権利床のうち住宅居住用部分等については，一定の減額がある（地法附則15の8①，地令附則12⑦～⑪）。
都市再開発法97条補償	権利変換で取得した資産に対し圧縮記帳の適用を受けることができるほか，都市再開発法第97条の対価補償金について5,000万円の控除の適用を併用して受けることができる（後述「⑩97条補償金（通損補償）の取扱い」を参照されたい。）。

(5)　設例に基づく仕訳処理

下記の設例に沿って具体的な圧縮記帳の仕訳を説明する。なお，土地と建物の譲渡益は合算額に対して圧縮記帳の適用を行う。また，圧縮限度額は，上限額を適用する。

設例

権利変換時直前の従前資産に係る時価，帳簿価額は以下のとおりである。

5　損失の繰延べの場合は，当該損失を認識することができる。

（百万円）

従前資産	時価	帳簿価額	譲渡益
土地	800	450	350
建物	200	150	50
合計額	1,000	600	400

結果

権利変換によって取得した従後資産の処理は以下のとおりとなる。

従後資産	時価	支出金額	圧縮限度額(＊1)	引継価額(＊2)
土地	800		304	496
建設仮勘定（権利床）	200		76	124
譲渡経費		20		－
合計額	1,000	20	380	620

（＊１） 圧縮限度額の算定

従後資産の時価　従前資産の土地　従前資産の建物　譲渡経費

1,000　－　(450　＋　150　＋　20)　＝　380

[土地部分]

圧縮限度額　従後資産の土地評価額　従後資産の評価額の合計

380　×　800　÷　1,000　＝　304

[建物を取得する権利部分（建設仮勘定）]

圧縮限度額　従後資産の建物評価額　従後資産の評価額の合計

380　×　200　÷　1,000　＝　76

（＊２） 引継価額の算定

[土地部分]

従後資産の時価　土地の圧縮限度額

800　－　304　＝　496

[建物を取得する権利部分]

従前資産の時価　従後資産の圧縮限度額

200　－　76　＝　124

【仕訳イメージ】

原則

（借）	土　地（従　後）	800	（貸）	土　地（従　前）	450
	建設仮勘定（権利床）	200		建　物（従　前）	150
				固定資産売却益(＊3)	400
	譲　渡　経　費	20		現　金　預　金	20
	土地圧縮損(＊3)	304		土　地（従　後）	304
	建物を取得する(＊3) 権利の圧縮損	76		建設仮勘定（権利床）	76

特例(＊3，4)（措通64(3)－17）

（借）	土　地（従　後）	496	（貸）	土　地（従　前）	450
	建設仮勘定（権利床）	124		建　物（従　前）	150
				現　金　預　金	20

（＊3）　企業会計上は，従前資産の投資が継続するため，いずれの経理処理を行うかにかかわらず，固定資産売却益と固定資産圧縮損は損益計算書上の表示において相殺表示されることになると考えられる。

（＊4）　特例の簿価の振替

[土地部分]

従前の簿価合計額		譲渡経費		従後資産の土地評価額		従後資産の評価額の合計		
(600	＋	20)	×	800	÷	1,000	＝	496

[建物を取得する権利部分]

従前の簿価合計額		譲渡経費		従後資産の権利床評価額		従後資産の評価額の合計		
(600	＋	20)	×	200	÷	1,000	＝	124

(6)　税務申告書にかかる手続き

前述のとおり，権利者である法人が権利変換より圧縮記帳の適用を受けるときは，別表十三(四)「収用換地等に伴い取得した資産の圧縮額等の損金算入に関する明細書」を権利変換期日の属する事業年度の法人税申告書に添付の上，申告を行う（措法65④）。また，上記のほか，第一種市街地再開発事業の施行

図表4－8 別表十三（四）

① 収用換地等に伴い取得した資産の圧縮額等の損金算入に関する明細書

事業年度又は連結事業年度	・ ・ ・ ・	法人名	（ ）

区分	項目	番号	金額
譲渡資産の明細	公共事業者の名称	1	
	収用換地等による譲渡年月日	2	・ ・
	譲渡資産の種類	3	土地・建物
	譲渡資産の収用換地等のあった部分の帳簿価額	4	600 円
取得した補償金等の額の計算	対価補償金及び清算金の額	5	
	同上以外の補償金の額：収益補償金のうち対価補償金に相当する部分の額	6	
	同上以外の補償金の額：経費補償金のうち対価補償金に相当する部分の額	7	
	同上以外の補償金の額：移転補償金のうち対価補償金に相当する部分の額	8	
	取得した補償金等の額 (5)＋(6)＋(7)＋(8)	9	
保留地の対価の額		10	
交換取得資産の価額		11	1,000
譲渡経費の額の計算	支出した譲渡経費の額	12	20
	譲渡経費に充てるため交付を受けた金額	13	
	差引譲渡経費の額 (12)－(13)	14	20
	補償金等又は保留地の対価に係る譲渡経費の額 $(14)\times\frac{(9)+(10)}{(9)+(10)+(11)}$	15	
	交換取得資産に係る譲渡経費の額 (14)－(15)	16	20
帳簿価額の計算	補償金等の額又は保留地の対価の額に対応する帳簿価額 $(4)\times\frac{(9)+(10)}{(9)+(10)+(11)}$	17	0
	交換取得資産の価額に対応する帳簿価額 (4)－(17)	18	600
差益割合の計算	取得した補償金等の額 (9)	19	
	同上に係る譲渡経費の額 $(14)\times\frac{(9)}{(9)+(10)+(11)}$	20	
	差引補償金等の額 (19)－(20)	21	
	補償金等の額に対応する帳簿価額 $(4)\times\frac{(9)}{(9)+(10)+(11)}$	22	
	差益割合 $\frac{(21)-(22)}{(21)}$	23	

区分	項目	番号	金額
代替資産について帳簿価額の減額等をした場合	取得した代替資産の種類	24	
	代替資産の帳簿価額を減額し、又は積立金として積み立てた金額	25	円
	圧縮限度額の計算：代替資産の取得のため(21)又は(21)のうち特別勘定残額に対応するものから支出した金額	26	
	圧縮限度額の計算：圧縮限度額 (26)×(23)	27	
	圧縮限度超過額 (25)－(27)	28	
特別勘定を設けた場合	特別勘定に経理した金額	29	
	繰入限度額の計算：特別勘定の対象となり得る金額 (21)－(26)	30	
	繰入限度額の計算：繰入限度額 (30)×(23)	31	
	繰入限度超過額 (29)－(31)	32	
	翌期繰越額の計算：当初の特別勘定の金額 (29)－(32)	33	
	翌期繰越額の計算：同上のうち前期末までに益金の額に算入された金額	34	
	翌期繰越額の計算：当期中に益金の額に算入すべき金額	35	
	翌期繰越額の計算：期末特別勘定残額 (33)－(34)－(35)	36	
交換取得資産について帳簿価額を減額した場合	交換取得資産の種類	37	土地・権利床
	交換取得資産の帳簿価額を減額した金額	38	380 円
	圧縮限度額の計算：交換取得資産の価額 (11)	39	1,000
	圧縮限度額の計算：交換取得資産の帳簿価額：交換取得資産の価額に対応する帳簿価額 ((4)又は(18))	40	600
	圧縮限度額の計算：交換取得資産の帳簿価額：交換取得資産につき支払った交換差金の額	41	
	圧縮限度額の計算：交換取得資産の帳簿価額：交換取得資産に係る譲渡経費の額 ((14)又は(16))	42	20
	圧縮限度額の計算：交換取得資産の帳簿価額：計 (40)＋(41)＋(42)	43	620
	圧縮限度額の計算：圧縮限度額 (39)－(43)	44	380
	圧縮限度超過額 (38)－(44)	45	0

別表十三(四) 令二・四・一以後終了事業年度又は連結事業年度分

に伴う権利変換に係る資産である旨を証する書類等[6]を保管する必要がある(措法65④，措規22の2④)。

5 権利変換時――圧縮記帳の会計処理（会計）

(1) 権利変換時の会計処理

デベロッパーは，権利変換を通じて，既存の土地建物と引換えに新建物を取得するが，これは会計上，交換取引に該当する。

ここで，交換取引に係る会計処理には，(i)交換取引で譲渡した資産の帳簿価額により取得資産の取得価額とする方法と，(ii)譲渡資産または取得資産の公正な市場価額を取得資産の取得価額とする方法がある。(i)は，同一種類，同一用途の固定資産間の交換の場合，譲渡資産と取得資産に連続性が認められ，会計上両者を同一視し実質的に取引がなかったものとする処理である（監査第一委員会報告第43号「圧縮記帳に関する監査上の取扱い」)。

一般的に，権利者の同意が必要となる市街地再開発事業では従前投資との連続性が重視され同一種類，同一用途の交換になることが多く，(i)により権利変換で譲渡した既存土地建物の簿価により新規土地建物の取得原価とする処理がとられる。

なお，権利変換時における税務上の譲渡益の発生の考え方は会計とは異なるが，譲渡益が生じた場合には，一定の要件を満たした場合，政策的に圧縮記帳が認められている。詳細は前述の「4権利変換時――法人課税の取扱い」を参照されたい。

6　租税特別措置法第22条の2第4項には，権利変換により取得した資産に応じた書類の保管が指定されている。保存資料の詳細については，課税当局に事前照会を実施することが望ましい。

(2) 権利床引渡し時の会計処理

新建物の竣工時に建設仮勘定から新土地建物へ振替えを行う。ここで，(i)交換取引で譲渡した資産の帳簿価額により取得資産の取得価額とする方法では，建設仮勘定から竣工時の新土地建物への振替えをどのように行うかが問題となる。これは，再開発の土地高度利用による開発後の土地建物の時価比率は，従前の土地建物の時価比率と異なるためである。この点，取得資産の実態を適切に反映するため，取得する土地建物の時価の比率で按分することが考えられ，実務上，再開発組合が権利者への床の割当を算定するための鑑定評価書を用いることが考えられる。

一方，(ii)譲渡資産または取得資産の公正な市場価額を取得資産の取得価額とする方法では，新土地建物の会計処理は，取得する土地建物のそれぞれの時価により計上することとなる。

【仕訳例】（単位：百万円）

(i) 権利変換により譲渡資産と同一種類，同一用途の固定資産を取得し，その取得価額を譲渡資産の帳簿価額とする場合

- 従前資産の簿価100（土地90，建物10）
- 従後資産の時価150（土地80，建物70）

(権利変換時)

（借）	建設仮勘定	100	（貸）	土地	90
				建物	10

(引渡し時)

（借）	土地	53	（貸）	建設仮勘定	100
	建物	47			

土地：100÷150×80＝53，建物：100－53＝47

(ii) 権利変換により取得した資産が譲渡資産と同一種類，同一用途とは認められない場合

(権利変換時)

(借)	建設仮勘定	150	(貸)	土地	90
				建物	10
				交換益	50

(引渡し時)

(借)	土地	80	(貸)	建設仮勘定	150
	建物	70			

6 権利変換時――その他の税務の取扱い 税務

(1) 消費税

第一種市街地再開発事業の権利変換処分による権利床の取得は，消費税法において不課税取引に該当する。よって，従前資産の譲渡に対しては，課税売上げも非課税売上げも認識されない。また，従後資産の価額のうち建物を取得する権利に対しても不課税取引となり，課税仕入れを認識することはできないとされている（市街地再開発事業に係る消費税の取扱いについて　平成2年3月14日国税庁回答　建設省都市再開発課）。詳細は，下記の 参考 に掲載された告示通達を参照されたい。

参考 市街地再開発事業に係る消費税の取扱いについて

国税庁回答
平成２年３月14日付け

市街地再開発事業に係る消費税の取扱いについて

照会要旨　市街地再開発事業に係る消費税の取扱いについては，別添のとおり取り扱ってよいか。
回答要旨　そのとおり取り扱って差し支えなし。

別添

平成元年12月25日
建設省都市再開発課

市街地再開発事業に係る消費税の取扱いについて

標記については，第一種市街地再開発事業の権利変換処分による権利床の取得及び公共施設管理者負担金にあっては不課税であり，第二種市街地再開発事業の管理処分による権利床（建物部分）の取得及び公共施設管理者負担金（工作物等に係る部分）並びに第一種市街地再開発事業及び第二種市街地再開発事業に係る保留床（建物部分）の取得にあっては課税と決定されているところである（大蔵省主税局税制第二課と調整済み）が，その他の具体的事項について，左記のように解してよいか御回答願います。

記

一　市街地再開発事業の施行地区内の従前の権利者が地区外に転出する場合について

（一）　第一種市街地再開発事業における地区外転出者の資産に係る課税関係

第一種市街地再開発事業において，都市再開発法（以下「法」という。）第71条第１項の規定による権利者からの自己の有する建築物に代えて金銭の給付を希望する旨の申出があった場合の当該建築物の施行者の取得（法第87条第２項本文）については，法第91条第１項により支払われる当該建築物に係る補償金は，資産の譲渡の対価ではなく，権利の消滅の対価であり，かつ，消費税法施行令第2条第2項に規定する補償金に該当しないことから，不課税と解してよろしいか。

(二)　第二種市街地再開発事業における地区外転出者の資産に係る課税時期

第二種市街地再開発事業において，権利者から法第118条の2第1項の規定による譲受け希望の申出がなく，自己の有する建築物が施行者に買い取られる場合の当該建築物の施行者に対する譲渡に係る課税時期（課税資産の譲渡があったものとされる時期）については，消費税法取扱通達9－1－13に基づき，納税義務者である当該権利者の判断により1）建物の引渡日又は2）契約の効力発生日（所有権移転日）のいずれかを選択できると解してよろしいか。

また，権利者の有する建築物が施行者に収用される（法第118条の26第1項参照）場合は，課税時期については，納税義務者である当該権利者の判断により1）土地収用法第48条の規定による権利取得裁決において定められた権利取得の時期又は2）同法第49条の規定による明渡裁決において定められた明渡しの期限のいずれかを選択できると解してよろしいか。

(三)　仕入税額控除

第二種市街地再開発事業において，施行者が地区外に転出する権利者の有する建築物を契約に基づき，又は収用により取得することは，事業として他の者から資産を譲り受けること（課税仕入れ）に該当することから，仕入税額控除できるものと解してよろしいか。

また，当該課税仕入れは，課税売上げ（権利床及び保留床の譲渡のうち建築物に係る部分並びに保留床の賃貸）に要するものか，非課税売上げ（権利床及び保留床の譲渡のうち土地に係る部分）に要するものか区別できないので，施行者の課税売上割合が95％未満の場合は，消費税法第30条第2項第2号に基づき，当該課税仕入れに係る消費税額に課税売上割合を乗じた額が控除できると解してよろしいか。

二　市街地再開発事業の施行地区内の従前の権利者が権利床を取得する場合について

(一)　第二種市街地再開発事業における従前資産に係る課税時期

第二種市街地再開発事業において，権利者が法第118条の2第1項の規定による譲受け希望の申出をして，権利床を取得する場合の当該権利者の有する建築物（従前資産）の譲渡に係る課税時期は，権利床の取得に係る課税時期と同時期である従前資産の対償に代えて権利床を取得した日（法第118条の18の規定により，建築工事完了の公告の日の翌日とされる。）であると解してよろしいか。

（二） 第二種市街地再開発事業における従前資産に係る課税標準

第二種市街地再開発事業において，権利者が権利床を取得する場合の当該権利者の有する建築物の譲渡に係る課税標準は，当該建築物の価額の確定額（法第118条の23第２項の規定により，当該建築物の対償の額に，契約に基づき，又は収用により施行者に取得された時から建築工事完了の公告の日までの物価の変動に応ずる修正率を乗じて得た額とされる。）であると解してよろしいか。

（三） 仕入税額控除

第二種市街地再開発事業において，施行者が権利床を取得する権利者の有する建築物を契約に基づき，又は収用により取得することは，事業として他の者から資産を譲り受けること（課税仕入れ）に該当することから，仕入税額控除できると解してよろしいか。

また，当該課税仕入れは，課税売上げ（権利床及び保留床の譲渡のうち建築物に係る部分並びに保留床の賃貸）に要するものか，非課税売上げ（権利床及び保留床の譲渡のうち土地に係る部分）に要するものか区別できないので，施行者の課税売上割合が95％未満の場合は，消費税法第30条第２項第２号に基づき，当該課税仕入れに係る消費税額に課税売上割合を乗じた額が控除できると解してよろしいか。

（四） 第二種市街地再開発事業における権利床に係る課税標準

第二種市街地再開発事業において，権利者が権利床を取得する場合の当該権利床の譲渡に係る課税標準は，当該権利床の価額の確定額（法第118条の23第３項の規定により，事業計画決定の公告の日等における近傍同種の建築物の取引価格等を考慮して定める相当の価額に事業計画決定の公告の日等から工事完了の公告の日までの物価の変動に応ずる修正率を乗じて得た額を基準として定めた額とされる。）であると解してよろしいか。

（五） 第二種市街地再開発事業における施設建築物の工事請負等に係る仕入税額控除

第二種市街地再開発事業における施設建築物の工事請負等は，課税売上げである権利床（建物部分）及び保留床（建物部分）の売上げに要する課税仕入れであることから，施行者は，消費税法第30条第２項第１号の場合にあっては，課税資産の譲渡等のみに要する課税仕入れとして課税仕入れに係る消費税額を控除できると解してよろしいか。

(六)　清算金に係る課税関係

市街地再開発事業においては，権利者の施行者に対する従前資産である建築物の譲渡及び施行者の権利者に対する従後資産である権利床（建物部分）の譲渡が課税対象となる（ただし，第一種市街地再開発事業にあっては不課税）のであり，法第104条又は第118条の24第１項の規定により，施行者が徴収し，又は交付する清算金については，従前資産と従後資産との差額の調整にすぎないことから，課税の対象外であると解してよろしいか。

三　借家権価格の補償について

第一種市街地再開発事業において，法第71条第３項の規定による借家権者からの借家権の取得を希望しない旨の申出があった場合の法第91条第１項により支払われる借家権を失うことに対する補償金は，資産の譲渡の対価ではなく，権利の消滅の対価であり，かつ，消費税法施行令第２条第２項に規定する補償金に該当しないことから，当該補償金の支払いは，不課税と解してよろしいか。

四　参加組合員の負担金について

第一種市街地再開発事業における参加組合員の施設建築物の取得については，法第40条第１項の規定による参加組合員の負担金（参加組合員が取得することとなる施設建築物の一部等の価額に相当する額）は，保留床の譲渡の対価と同一の性格を有し，資産の譲渡の対価と考えられることから，課税と解してよろしいか。

なお，第一種市街地再開発事業に係る増床として保留床を取得するにあっては，課税取引に該当するので留意が必要である。保留床取得時の詳細は，後述（下記9および第６章）で説明する。

また，権利変換において支出した譲渡経費のうちに課税仕入れに該当するものがある場合において，個別対応方式を適用しているときの課税区分については，不課税取引のために要する課税仕入れに該当し，課税資産の譲渡等とその他の資産の譲渡等に共通して要するものに該当する（消基通11－２－16)。当該譲渡経費が権利床および保留床の両方に係るものであるときは，合理的に按分する必要がある。

(2) 登録免許税

権利変換により従後資産の敷地を取得するときは，新たな土地の取得に該当し，表示登記等を行うことになるが，その際の権利変換の登記に係る登録免許税は非課税となる（登免法5①七）。なお，これらの登記は再開発組合の施行者が行う。

(3) 不動産取得税

権利変換により取得した権利床の価額等が従前資産の価額の範囲内であるときは，不動産取得税は課税対象外となる。

具体的には，課税標準の算定において従前資産の価額割合相当分控除後の従後資産に対する従前資産の価格の割合に応じて課税標準額を控除する（地法73の14⑦）。

なお，都市再開発法110条方式の全員合意型および都市再開発法111条方式の地上権非設定型は，一定の条件のもと不課税となる点について留意が必要である。この取扱いは，下記の 参考 に掲載されている告示通達を参照されたい。

参考 各都道府県，各関係公団再開発担当部長あて

建設省都再発第40号・建設省住街発第50号
平成2年3月31日

各都道府県，各関係公団再開発担当部長あて

建設省都市局都市再開発課長・建設省住宅局市街地建築課長通知

第一種市街地再開発事業の特則型権利変換手続による不動産の取得に係る不動産取得税の軽減措置の取扱いについて

地方税法（昭和25年法律第226号）第73条の14第9項において，都市再開発法（昭和44年法律第38号。以下「法」という。）による市街地再開発事業の施行に伴い従前の宅地等に対応して不動産を取得した場合における不動産取得税の課税標

準の特例が講じられているところであるが，この度，第一種市街地再開発事業の特則型権利変換手続（法第110条又は第111条の規定による権利変換手続）により不動産を取得した場合においても，別添自治省税務局府県税課長通知のとおり減免措置が講じられることとされたので，通知する。特に，法第110条の規定に基づく権利変換手続による不動産の取得については，左記の手続によったものについてのみ，減免措置が講じられることとされているので，取扱いに遺漏なきようお願いする。併せて，貴管下関係機関に対しても，この旨周知徹底方お願いする。
なお，本通達については，自治省税務局とも協議済みである。

記

法第110条の規定に基づく権利変換手続による不動産の取得について，不動産取得税の減免措置を受けるためには，左記の手続によるものとする。

(一)　従前の宅地等の価額について

法第73条第１項第３号の規定により権利変換計画において定めることとされる従前の宅地，借地権又は建築物（以下「従前の宅地等」という。）の価額は，近傍類似の土地又は近傍同種の建築物の取引価格等を考慮して定める相当の価額とするものとし，その旨を権利変換計画において記載するものとする。
施行者は，権利者に対し，法第86条第１項の規定により権利変換に係る通知を行う場合においては，その通知書に，従前の宅地等の価格の算定は前記の基準によったものである旨を記載するものとする。

(二)　権利の価額の確定額について

施行者は，第一種市街地再開発事業の工事の完了後，速やかに，当該事業に要した費用の額を確定するとともに，その確定した額及び法第71条第１項又は第５項（同条第６項において読み替えて適用する場合を含む。）の規定による30日の期間を経過した日における近傍類似の土地，近傍同種の建築物又は近傍類似の土地若しくは近傍同種の建築物に関する同種の権利の取引価格等を考慮して定める相当の価額を基準として，各権利者に与えられる施設建築敷地又は施設建築物に関する権利の価額を確定するものとし，その旨を権利変換計画において記載するものとする。
施行者は，各権利者に対し，権利の価額の確定額を通知し，その通知書に，当該確定額の算定は前記の基準によったものである旨を記載するものとする。

(三)　申告又は報告について

各権利者は，各権利者に与えられた施設建築敷地又は施設建築物に関する権利について，不動産取得税の賦課徴収に関する申告又は報告を行う際には，(一)

及び（二）の通知書の写しを提出するものとする。

（四） 再開発担当部局の証明書について

地方公共団体施行以外の市街地再開発事業にあっては，権利変換計画の認可を担当する部局は，施行者からの申請（別記様式例参照）に基づき，従前の宅地等の価額の算定は（一）の基準によったものであり，及び権利の価額の確定額の算定は（二）の基準によったものである旨を証明する文書を発行するものとし，施行者は，当該証明書を課税権者である都道府県知事に提出するものとする。

（別記様式例）

番　　号
年　月　日

（/建設省都市局都市再開発課長/建設省住宅局市街地建築課長/都道府県市街地再開発事業担当課長/）あて

施行者

申請書

○○地区第一種市街地再開発事業の権利変換手続に関しては，下記によったものであることを証明されたく，お願いします。

（一） 従前の宅地等の価額について

都市再開発法（以下「法」という。）第73条第１項第３号の規定により権利変換計画において定めることとされる従前の宅地，借地権又は建築物の価額は，近傍類似の土地又は近傍同種の建築物の取引価格等を考慮して定める相当の価額としたものであること。

（二） 権利の価額の確定額について

各権利者に与えられる施設建築敷地又は施設建築物に関する権利の価額の確定額は，本件市街地再開発事業の工事の完了後確定した当該事業に要した費用の額及び法第71条第１項の規定による30日の期間を経過した日における近傍類似の土地，近傍同種の建築物又は近傍類似の土地若しくは近傍同種の建築物に関する同種の権利の取引価格等を考慮して定める相当の価額としたものであること。

（別添）

第一種市街地再開発事業の権利変換手続による不動産の取得に係る不動産取得税の取扱について

（平成2年3月31日）
（自治府第22号）
（各都道府県総務部長，東京都主税局長あて自治省税務局府県税課長通知）

標記の件について，現在地方税法第73条の14第9項において原則型権利変換手続による不動産の取得に対して課税標準の特例措置が講じられているところであるが，都市再開発法（昭和44年法律第38号）第110条及び第111条の規定に基づく権利変換手続による不動産の取得についても，下記のとおり取扱うことが適当であるので遺憾のないよう取り扱われたい。

なお，別添のとおり，本件については別途建設省都市局都市再開発課長及び住宅局市街地建築課長から各都道府県再開発担当部長及び各関係公団再開発担当部長あて通達されたところであるので念のため申し添える。

記

一　都市再開発法第111条の規定に基づく権利変換手続による不動産の取得については，当該手続が原則型の権利変換手続と概ね異なるところがないことから，地方税法第73条の14第9項の趣旨に鑑み，減免措置を講じることが適当であること。

二　都市再開発法第110条の規定に基づく権利変換手続による不動産の取得については，当該手続が次の要件を満たしたものに限り地方税法第73条の14第9項の趣旨に鑑み，減免措置を講じることが適当であること。

（一）　従前の宅地等の価額について

都市再開発法第73条第1項第3号の規定により権利変換計画において定めることとされている従前の宅地，借地権又は建築物（以下「従前の宅地等」という。）の価額が，近傍類似の土地又は近傍同種の建築物の取引価額等を考慮して定められた相当の価額であり，その旨が権利変換計画において記載されていること。

施行者が，権利者に対し，都市再開発法第86条第1項の規定による権利変換に係る通知を行っている場合には，従前の宅地等の価額の算定が前記の基準によったものである旨が当該通知書に記載されていること。

（二）　権利の価額の確定額について

施行者が，当該市街地再開発事業に要した費用の額を確定し，その確定した額及び都市再開発法第71条第１項又は第５項の規定による30日の期間を経過した日における近傍類似の土地，近傍同種の建築物又は近傍類似の土地若しくは近傍同種の建築物に関する同種の権利の取引価格等を考慮して定められた相当の価額を基準として，各権利者に与えられる施設建設敷地又は施設建築物に関する権利が確定されており，その旨が権利変換計画に記載されていること。

施行者が各権利者に対して行う権利の確定額の通知については，当該確定額の算定が前記の基準によったものである旨が当該通知書に記載されていること。

（三）　再開発担当部局の証明について

地方公共団体以外が施行する市街地再開発事業にあっては，従前の宅地等の価額の算定が（一）の基準によったものであること及び権利の価額の算定が（二）の基準によったものであることが再開発担当部局が提出した書面により証明されていること。

(4)　固定資産税

権利変換により土地の共有持分もしくは区分所有の土地を取得したときは，翌年の１月１日を基準日として固定資産税・都市計画税の納税義務が発生する。

7　建物竣工時（価額の確定時）──法人課税の取扱い　会計　税務

(1)　圧縮記帳（法人税法）

建物に係る工事が完了すると，施設建築敷地および建築施設の一部を取得する権利から土地等および建物等の引渡しが行われる。引渡しとなる資産は，権利変換の種類により異なる（地上権非設定型（111条方式）では土地等と建物等，

図表4－9　市街地再開発事業の一般的なスケジュール

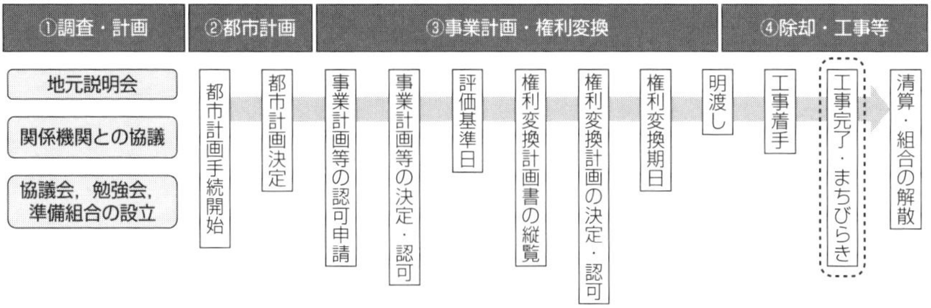

①調査・計画
- 地元説明会
- 関係機関との協議
- 協議会，勉強会，準備組合の設立

②都市計画
- 都市計画手続開始
- 都市計画決定

③事業計画・権利変換
- 事業計画等の認可申請
- 事業計画等の決定・認可
- 評価基準日
- 権利変換計画書の縦覧
- 権利変換計画の決定・認可
- 権利変換期日

④除却・工事等
- 明渡し
- 工事着手
- 工事完了・まちびらき
- 清算・組合の解散

（出所）　一般社団法人再開発コーディネーター協会ホームページを参考に筆者作成

全員合意型（110条方式）では建物等になると考えられる。)。さらに引渡しの後（通常，半年後程度），価額の確定が行われ，最終的な評価額が確定する。

譲渡益が発生するときは，一定の要件のもと，圧縮記帳を行うことが認められているが，引渡しまでの間に法人の決算を迎えるときは，引渡しを受けたときの金額で決算処理を行い，価額の確定後に改めて確定額での算定が必要となる。

なお，1回目の圧縮記帳を適用せずに，2回目の圧縮記帳を適用することはできない点に留意が必要である。1回目の圧縮記帳を行わないときは，権利変換で付された施設建築敷地および建築施設の一部を取得する権利の価額（時価）が，工事完了時において取得する土地等および建物等の帳簿価額となるためである。

また，価額の確定に伴い，再開発事業の清算金も確定する。清算金は，追加で徴収するときは建物の追加取得となり，また，交付（返金）を受けるときは，圧縮記帳およびその他の税務上の特例を受けることができる。

①　法人税法で認められる圧縮記帳の会計処理

圧縮記帳の会計処理は，1回目の圧縮記帳と同様に，再開発事業に伴う権利変換は等価交換であることから，引き続き同じ資産を継続して保有しているものとして取り扱う。法人税法上の会計処理は，直接簿価減額方式のみ認められており，会計簿価において従後資産の価額で記帳する必要がある。また，会計監査の対象となる法人の会計処理もこの直接簿価減額方式となる（日本公認会計士協会監査第一委員会報告第43号)。

なお，税務上の特例として，譲渡資産の帳簿価額に取得のための付随費用を加算した金額以上の金額を交換取得資産の取得価額とする方法が認められている（措通64(3)－17)。

②　2回目の圧縮記帳の税務のポイント

権利者である法人が工事の完了に伴い取得した権利床の価額が権利床を取得する権利の簿価を上回るときは，2回目の圧縮記帳の適用がある。1回目と同様にこの処理は法人の任意であり，強制適用ではない。よって，圧縮記帳の適用を受ける法人は，税務上の圧縮記帳の要件とされている図表4－10の処理を適切に行う必要がある。

前述のとおり，1回目の圧縮記帳の適用を受けていない資産については，2

図表4－10　税務上の要件

適用対象法人	権利変換により従後資産を取得する権利について圧縮記帳を適用し，その後，従後資産を取得した法人
対象資産	•本事業にかかる工事完了に伴い取得する土地，建物等 •用途制限なし，所有期間の要件なし
申告要件	①別表十三(四)「収用換地等に伴い取得した資産の圧縮額等の損金算入に関する明細書」に圧縮限度額の計算の明細を記載の上，権利変換期日の属する事業年度の法人税申告書に添付 ②施行者が発行した権利変換の証明書「都市再開発法による第一種市街地再開発事業の施行に伴う権利変換に係る資産である旨の証明書」を上記明細書に添付（措法65④，措規22の2④）
圧縮限度額	交換取得資産の価額－譲渡原価
交換取得資産の価額	引渡しを受けた土地等，建物等の価額の総額
譲渡原価	建設仮勘定に計上した権利床等の帳簿価額と譲渡経費（措令39の2④)（譲渡経費については本章4(4)脚注4参照)
減価償却	建物等引渡日より耐用年数に応じた減価償却費を計上

回目の圧縮記帳の適用はない。

③　設例に基づく仕訳処理

下記の設例に沿って，工事完了時および価額の確定時に係る具体的な圧縮記帳の仕訳を説明する。工事完了に伴い土地建物等を取得するため，２回目の圧縮記帳を適用する。圧縮限度額は上限額を適用する。

設例

従後資産に係る時価，帳簿価額は以下のとおりである。

（百万円）

権利変換資産	時価	帳簿価額	圧縮記帳（１回目）
土地	550	496	304
建物床（建設仮勘定）	450	124	76
合計額	1,000	620	380

結果

工事完了によって取得した土地建物等の処理は以下のとおりとなる。

従後資産	時価	帳簿価額	圧縮限度額（２回目(＊１)）	引継価額(＊２)
土地	550	496	54	496
建物	450	124	326	124

（＊１）　圧縮限度額の算定

従後資産の時価		土地の簿価		譲渡経費		
550	−	(496	＋	0)	＝	54
従後資産の時価		建物の簿価		譲渡経費		
450	−	(124	＋	0)	＝	326

（＊２）　引継価額の算定

従後資産の土地の時価		土地の圧縮限度額		
550	−	54	＝	496

従前資産の建物の時価		建物の圧縮限度額		
450	−	326	=	124

【仕訳イメージ】

原則

（借）	土　　地	550	（貸）土　地（従　後）	496
	建　物　等	450	建設仮勘定（権利床）	124
			固定資産売却益(＊3)	380
	土地圧縮損(＊3)	54	土　　地	54
	建物圧縮損(＊3)	326	建　物　等	326

特例(＊3，4)（措置法通達64(3)−17）

（借）	土　　地	496	（貸）土　地（従　後）	496
	建　物　等	124	建設仮勘定（権利床）	124

（＊3）　企業会計上は，従前資産の投資が継続するため，いずれの経理処理を行うかにかかわらず，固定資産売却益と固定資産圧縮損は損益計算書上の表示において相殺表示されることになると考えられる。

（＊4）　特例処理においては，施設建築物の一部を取得する権利（建設仮勘定）から建物等に代わる仕訳となる。譲渡経費があるときは，建物等の価額に追加される。

④　税務申告書にかかる手続き

前述のとおり，権利者である法人が建物完成に伴い圧縮記帳の適用を受けるときは，別表十三(四)「収用換地等に伴い取得した資産の圧縮額等の損金算入に関する明細書」を権利変換期日の属する事業年度の法人税申告書に添付の上，申告を行う（措法65④）。

また上記のほか，第一種市街地再開発事業の施行に伴う権利変換に係る資産である旨を証する書類等[7]を保管する必要がある（措法65④，措規22の２④）。

7　租税特別措置法第22条の２第４項には，権利変換により取得した資産に応じた書類の保管が指定されている。保存資料の詳細については，課税当局に事前照会を実施することが望ましい。

図表4－11　別表十三（四）

①

収用換地等に伴い取得した資産の圧縮額等の損金算入に関する明細書

事業年度又は連結事業年度	・・ ・・	法人名	（　　）

区分		項目	番号	金額
譲渡資産の明細		公共事業者の名称	1	
		収用換地等による譲渡年月日	2	・　・
		譲渡資産の種類	3	土地権利床
		譲渡資産の収用換地等のあった部分の帳簿価額	4	620 円
取得した補償金等の額の計算		対価補償金及び清算金の額	5	
	同上以外の補償金の額	収益補償金のうち対価補償金に相当する部分の額	6	
		経費補償金のうち対価補償金に相当する部分の額	7	
		移転補償金のうち対価補償金に相当する部分の額	8	
		取得した補償金等の額 (5)＋(6)＋(7)＋(8)	9	
保留地の対価の額			10	
交換取得資産の価額			11	1,000
譲渡経費の額の計算		支出した譲渡経費の額	12	0
		譲渡経費に充てるため交付を受けた金額	13	
		差引譲渡経費の額 (12)－(13)	14	
		補償金等又は保留地の対価に係る譲渡経費の額 $(14)\times\frac{(9)+(10)}{(9)+(10)+(11)}$	15	
		交換取得資産に係る譲渡経費の額 (14)－(15)	16	0
帳簿価額の計算		補償金等の額又は保留地の対価の額に対応する帳簿価額 $(4)\times\frac{(9)+(10)}{(9)+(10)+(11)}$	17	0
		交換取得資産の価額に対応する帳簿価額 (4)－(17)	18	620
差益割合の計算		取得した補償金等の額 (9)	19	
		同上に係る譲渡経費の額 $(14)\times\frac{(9)}{(9)+(10)+(11)}$	20	
		差引補償金等の額 (19)－(20)	21	
		補償金等の額に対応する帳簿価額 $(4)\times\frac{(9)}{(9)+(10)+(11)}$	22	
		差益割合 $\frac{(21)-(22)}{(21)}$	23	

区分			項目	番号	金額
代替資産について帳簿価額の減額等をした場合			取得した代替資産の種類	24	
			代替資産の帳簿価額を減額し、又は積立金として積み立てた金額	25	円
	圧縮限度額の計算		代替資産の取得のため(21)又は(21)のうち特別勘定残額に対応するものから支出した金額	26	
			圧縮限度額 (26)×(23)	27	
			圧縮限度超過額 (25)－(27)	28	
特別勘定を設けた場合			特別勘定に経理した金額	29	
	繰入限度額の計算		特別勘定の対象となり得る金額 (21)－(26)	30	
			繰入限度額 (30)×(23)	31	
			繰入限度超過額 (29)－(31)	32	
	翌期繰越額の計算		当初の特別勘定の金額 (29)－(32)	33	
			同上のうち前期末までに益金の額に算入された金額	34	
			当期中に益金の額に算入すべき金額	35	
			期末特別勘定残額 (33)－(34)－(35)	36	
交換取得資産について帳簿価額を減額した場合			交換取得資産の種類	37	土地建物等
			交換取得資産の帳簿価額を減額した金額	38	380 円
	圧縮限度額の計算		交換取得資産の価額 (11)	39	1,000
		交換取得資産の帳簿価額	交換取得資産の価額に対応する帳簿価額 ((4)又は(18))	40	620
			交換取得資産につき支払った交換差金の額	41	
			交換取得資産に係る譲渡経費の額 ((14)又は(16))	42	
			計 (40)＋(41)＋(42)	43	620
			圧縮限度額 (39)－(43)	44	380
			圧縮限度超過額 (38)－(44)	45	0

別表十三(四)　令二・四・一以後終了事業年度又は連結事業年度分

(2) 変換清算金

建物の工事が完了した後，組合の事業に係る清算を行う。事業に係る工事代金等が不足したときは，清算金の徴収が行われ，また，事業に係る工事代金等に余剰金が発生したときは，清算金の交付が行われる。清算金の取扱いは，原則として建物の追加購入（増床），もしくは収用等による譲渡があったものとみなされる。

① 清算金の徴収がある場合

基本的に，清算金の徴収により組合に支払いをするときは，増床として取り扱われる。

設例

清算金の徴収50百万円があった時の処理は以下のとおりである。

（単位：百万円）

従後資産	時価	帳簿価額	圧縮限度額（2回目）	引継価額
土地	550	496	54	496
建物	450	124	326	124
清算金	50			50
合計額	1,050	620	380	670

【仕訳イメージ】

（借）建物等	50	（貸）現金	50

【仕訳の説明】

清算金の徴収により支出した金額は，建物の買い増しと同様に取り扱われる。

よって，圧縮記帳の限度額計算においては，清算金の徴収に支出した金額は含まれない。消費税については，増床として課税仕入れに該当する。

②　清算金の交付がある場合

一方で，清算金の交付を受けるときは，清算金等の交付を受けることになった日に収用等の譲渡があったものとみなされる。当該譲渡益については，一定の要件のもと，ｉ）収用等に係る5,000万円の特別控除（措法65の２②，措令39の３③），もしくはii）代価資産を取得した場合の課税の特例（措法65⑦，措令39の２⑩一）の適用を受けることができる[8]。

設例

工事完了時に，土地・建物等とともに清算金の交付50百万円があった場合の処理は以下のとおりである。

（単位：百万円）

権利変換資産	時価	帳簿価額	圧縮記帳（２回目）	引継価額
土地	550	496	54	496
建物	400	124	276	124
清算金	50			
合計額	1,000	620	330	620

(i)　特別控除を選択した場合

変換清算金の交付により譲渡益が生じた際は，２回目の換地処分に係る圧縮記帳とは別に，収用等に係る5,000万円の特別控除を受けることができる。上記の設例によると，50百万円のうち次の算式により算定した金額が譲渡益となる（措法65の２⑵，措令39の３⑶）。

8　ただし，適用にあたっては課税当局との事前協議が必要である。

権利変換により取得した変換清算金	−	譲渡資産の譲渡直前の帳簿価額および譲渡経費	×	補償金割合*	=	譲渡益の額
50		620		5％		19

＊補償金割合 5％ ＝ $\dfrac{\text{変換清算金の額　50}}{\text{権利変換資産の権利変換時における価額　1,000}}$

【仕訳イメージ】

（借）	現　金　預　金	50	（貸）	雑収入（譲渡益）	19
				土 地 ・ 建 物 等	31

法人税の課税所得の計算上において，年5,000万円を上限として収用等の特別控除の適用を受けることとなり，課税は生じない（措法65の２②，措令39の３③）。適用にあたっては，清算金の交付を受けることとなった日の属する事業年度において，別表十(五)「収用換地等及び特定事業の用地買収等の場合の所得の特別控除等に関する明細書」を作成し，法人税申告書に添付する必要がある。また，当該清算金に係る収用証明書の保存が必要とされている（措法65の２④，措規22の３③）。

(ii)　代替資産を取得した場合の課税の特例を選択した場合

特別控除の適用に代えて，清算金の交付により譲渡益が発生したときは代替資産を取得した場合の収用等の課税の特例の適用を受けることができる（措法65⑦，措令39の２⑩）。

譲渡資産の権利変換の時における価額 × $\dfrac{\text{変換清算金の額}}{\text{施設建築物の一部を取得する権利および施設建築敷地もしくはその共有持分もしくは地上権の共有持分の価額等の権利変換時における総価額}}$

＝譲渡資産のうち変換清算金に対応する部分の金額

譲渡資産の権利変換の時における価額		変換清算金		権利床および施設建築敷地等の総額		
1,000	×	50	÷	1,000	=	50

仮に100百万円の代替資産を取得したときは，下記の圧縮損を計上することにより，課税は生じない。

【仕訳イメージ】

（借）	現金預金	50	（貸）	譲渡益	50
	代替資産	100		現金預金	100
	代替資産圧縮損	50		代替資産	50

適用にあたっては，清算金の交付を受けることとなった日の属する事業年度において，別表十三(四)「収用換地等に伴い取得した資産の圧縮額等の損金算入に関する明細書」を作成し，法人税申告書に添付する必要がある。また，当該清算金に係る収用証明書の保存が必要とされている（措法65④，措法64④，措規22の２④）。

(3)　建物竣工時と価額の確定の事業年度が異なる場合

建物等の引渡日（竣工時期）と価額の確定の日の属する事業年度が異なるときは，いったん，従後資産の評価額をもって法人税申告を進めることとなる。価額の確定により，清算金の徴収，交付があるときは，また，土地と建物の評価額に変更があるときは，価額の確定があった事業年度において簿価修正を行う必要が生じる。

そのため，清算金の交付があるときは，過年度の減価償却費の計上についても遡及して修正する必要がある。清算金の徴収のときは支出のタイミングで減価償却費の計上が開始されるため特段修正事項はない。

8 建物竣工時（価額の確定時）──その他税務の取扱い 税務

(1) 消費税

価額の確定により清算金の徴収があるときは，建物等の増床，すなわち追加取得となるため，課税取引に該当し，課税仕入れとして処理する必要がある。個別対応方式を採用しているときは，課税売上対応，非課税売上対応，課税売上対応と非課税売上対応に共通するものに区分して消費税申告書を作成する。

第一種市街地再開発事業の権利変換処分による権利床の取得は，消費税法において不課税取引に該当する。よって，従前資産の譲渡に対しては，課税売上げも非課税売上げも認識されない。また，従後資産の価額のうち建物を取得する権利に対しても不課税取引となり，課税仕入れを認識することはできないとされている（市街地再開発事業に係る消費税の取扱いについて　平成2年3月14日国税庁回答　建設省都市再開発課）。詳細については，本章6の 参考 に掲載された告示通達を参照されたい。

また，権利変換において支出した譲渡経費のうちに課税仕入れに該当するものがある場合において，個別対応方式を適用しているときの課税区分については，不課税取引のために要する課税仕入れに該当し，課税資産の譲渡等とその他の資産の譲渡等に共通して要するものに該当する（消基通11－2－16）。当該譲渡経費が権利床および増床にかかる保留床の両方に係るものであるときは，合理的に按分する必要がある。

(2) 登録免許税

工事完了後，施設構築物を取得するときは，表示の登記等が行われるが，その際も登録免許税は非課税となる（登免法5①七）。

(3)　不動産取得税

工事完了後，施設構築物を取得するときも，取得する資産の評価額等が権利変換資産の価額の範囲内であるときは，不動産取得税は課税対象外となる。具体的には課税標準の算定において従前資産の価額割合相当分控除後の従後資産に対する従前資産の価格の割合に応じて課税標準額を控除する（地法73の14⑦）。

なお，都市再開発法110条方式の全員合意型および都市再開発法111条方式の地上権非設定型は，下記の取扱い通知により一定の条件のもと不課税となる点について，留意が必要である。この取扱いについては，本章6の 参考 に掲載されている告示通達を参照されたい。

(4)　固定資産税

工事完了により施設構築物を取得したときは，取得した翌年の1月1日を基準日として固定資産税・都市計画税の納税義務が発生する。令和5年3月31日までの間に新築された施設構築物については，最初の5年間に限り，従前の権利者が居住の用に供する住宅については3分の2，それ以外の用途については4分の1が減額される（地法附則15の8①，地令附則12⑦～⑪）。

9　権利者による増床――法人課税の取扱い　税務

(1)　課税関係の概要

権利者による増床に関連する課税関係の概要は図表4－12のとおりである。なお，保留床の取得については，後述の第6章を参照されたい。

図表4－12　増床の課税関係

時期	税目	税務処理の概要
増床取得時	法人税	①台帳作成，耐用年数の検討，減価償却費の計上 ②保留床については，一定の要件を満たすときは買換特例の適用がある（措法65の7表四）
	消費税	課税（取得した建物等および取得に要した費用等）
	登録免許税	課税
	不動産取得税	課税
	固定資産税	①原則として課税（地方により減免あり） ②取得した減価償却資産に対する償却資産申告

(2)　法人税法上の取扱い

増床とは，権利者が建物の一部とその敷地を権利床等とは別に追加で購入することをいい，新規に取得した資産と同様の取扱いとなる。よって，法人税の課税所得の計算において特別な処理は発生しない。

増床の取得に要した費用がある場合，土地建物等に計上する必要があるが，権利床の譲渡にかかる経費と区分されていないときは，増床に係る取得経費を合理的に按分して，算出する必要がある。

(3)　消費税

増床については，建物に係る部分は課税仕入れ，土地に係る部分は非課税仕入れに該当する。取得経費のうちに課税仕入れに該当するものがあるときで，個別対応方式を採用しているときは，課税売上対応，非課税売上対応もしくは課税売上対応と非課税売上対応に共通するものに区分することになる。

(4)　登録免許税

新規取得資産と同様に登録免許税が課税される。権利床のような特例は設けられていない。

(5)　不動産取得税

新規取得資産と同様に不動産取得税が課税される。権利床のような特例は設けられていない。

(6)　固定資産税

新規取得資産と同様に固定資産税が課税される。権利床のような特例は設けられていない。ただし，地方公共団体によっては，都市再開発法第138条に基づく高度利用地区内付近一課税を条例により設けて増床部分についても特例があるケースもあるので留意されたい。

10　97条補償金（通損補償）の取扱い　税務

97条補償である通損補償とは，土地の取得に伴って権利者に生じる付随的な損失に対する補償を「通常受ける損失の補償」として補償要綱等に取り上げられているものである。

都市再開発法第97条で，「施行者は，前条の規定による土地若しくは物件の引渡しまたは物件の移転により同条第１項の土地の占有者および物件に関し権利を有する者が通常受ける損失を補償しなければならない。」と規定されている。

市街地再開発事業のもとでは，権利者の了解のもと補償基準と補償規則を定めて個々の補償契約により施行者から権利者等へ支払いが個別になされるものである。

権利変換の権利者や借家継続の借家人だけでなく，転出の権利者も借家人も対象となる。

ただし，借家人でも関係権利者と位置づけず建物オーナーが対応する場合には施行者からは97条補償金が支払われないのが通常であり，建物オーナーから借家人に支払われた立退料については市街地再開発事業関連の優遇税制はない。

97条補償金を支払う場合には，施行者は支払調書を作成し所轄税務署長に提出を行う。

(1) 補償金の課税上の取扱い

通損補償を受ける場合には，様々な名義や内容の補償金等を取得するが，すべての補償金について代替資産取得の特例または5,000万円の特別控除の適用があるわけではなく，その適用は対価補償金に限られる。したがって，各種補償金は対価補償金，収益補償金，経費補償金，移転補償金，その他対価補償金たる実質を有しない補償金に分類する必要がある（措通64(2)－１）。

分類した補償金の課税上の取扱いは，図表４－13のとおりである（措通64(2)－２）。

図表４－13　補償金の課税上の取扱い

補償金の種類	課税上の取扱い
①対価補償金	収用等の場合の課税の特例の適用がある。
②収益補償金	収用等の場合の課税の特例の適用はない。ただし，租税特別措置法関係通達64(2)－５により，収益補償金として交付を受ける補償金を対価補償金として取り扱うことができる場合がある。
③経費補償金	収用等の場合の課税の特例の適用はない。ただし，租税特別措置法関係通達64(2)－７により，経費補償金として交付を受ける補償金を対価補償金として取り扱うことができる場合がある。
④移転補償金	収用等の場合の課税の特例の適用はない。ただし，租税特別措置法関係通達64(2)－８または租税特別措置法関係通達64(2)－９により，ひき（曳）家補償等の名義で交付を受ける補償金または移設困難な機械装置の補償金を対価補償金として取り扱うことができる場合がある。 また，租税特別措置法関係通達64(2)－21により，借家人補償金は，対価補償金とみなして取り扱う。
⑤その他対価補償金たる実質を有しない補償金	収用等の場合の課税の特例の適用はない。

(2)　工作物補償，立竹林補償，動産移転補償

原則として移転補償金であるが，実際に取壊しや除却等が行われている場合は対価補償金として取り扱う（措通64(2)－８）。

転出権利者または借家人の場合には，過小床不交付の場合に該当するかやむを得ない事情により権利変換を希望しない旨の申出をした場合に該当していれば91条補償金とこの97条補償金の対価補償金を合算して代替資産取得の特例か5,000万円控除を適用できる。

(3)　家賃減収補償・地代減収補償ならびに営業補償・仮店舗補償・仮事務所補償

家賃減収補償や地代減収補償は収益補償であるが，営業補償・仮店舗補償・仮事務所補償は収益補償と経費補償が混在しているので補償の個表に基づき分類する必要がある。

収益補償金名義で交付を受けた金額について，建物の対価補償金として交付を受けた金額が建物の再取得価額に満たないときは，収益補償金名義で交付を受けた金額のうち，その満たない金額までは対価補償金として計算したときに限り，対価補償金への振替えが可能である（措通64(2)－５）。

振り替えられた対価補償金の金額は，他の対価補償金と合わせて代替資産取得の特例か5,000万円控除を適用できる。

(4)　収入計上時期

通損補償について仮勘定経理の特例（後述(5)参照）を適用する場合を除き，権利変換があった事業年度に一括して収益計上することになる（法基通２－１－40）。

都市再開発法第97条の規定に基づき，補償契約を締結して補償の総額について明渡時期までに支払うことを合意している場合は，収入すべき金額が確定しているため，全額収益計上しなければならないということである。

したがって，収益補償の対価補償への振替制度や仮勘定経理の特例の適用可能性も十分に確認することが重要となる。

(5) 収入計上時期の特例（仮勘定経理の特例）

収益補償金の収入計上時期については，対価補償金への振替えの適用がある場合を除き，権利変換期日にて補償金を収受する事業年度に計上するのが原則であるが，仮勘定経理の特例（仮受金勘定として経理する。）が設けられている（措通64(3)－16）。

特例として，法人が収用等により立ち退くべき日を定められ，まだその立退きをしていない時期に課税を先行させることは，実情に沿わない面もあるので，その時まで課税を猶予することとしている。

収益補償以外の経費補償金もしくは移転補償金についても，原則として権利変換のあった事業年度に全額収益計上するのであるが，補償金に対応する支出が見込まれていることから仮勘定経理の特例（仮受金勘定として経理する。）が設けられている（措通64(3)－15）。

この特例は，収益補償金の仮勘定経理の特例とは異なり，交付目的となった経費の支出が明確である部分の金額に限って権利変換期日から２年を経過する日の前日まで仮勘定経理ができるというものである。

本通達は，権利変換の権利者や借家継続の借家人だけでなく，転出権利者の代替資産取得が翌年度以降となる場合にも適用がある。

(6) 消費税の取扱い

97条補償金の消費税の取扱いは不課税であり，課税売上割合の計算にも関係しない（消基通５－２－10）。

なお，市街地再開発事業での通損補償については補助金が交付されているので，課税事業者が原則課税で申告し，補償金を原資として代替資産等の購入による仕入税額控除を行うことができるため，施行者が行う補助金申請は補償額に仕入税額控除が可能な消費税相当額を上乗せしない額で申請することとされている。

11　97条補償金（通損補償）の取扱い（会計）

(1)　97条補償金の性質に応じた会計処理

まず，収益補償金は，デベロッパーが保有する不動産を権利変換以降に明け渡すことに伴い生じる損失の補償であり，実態を勘案した上で補償期間にわたって収益計上する処理が考えられる。また，経費補償は，営業休止期間中に生じる経費を補填するための補償であり，対象となる費用の発生に応じて収益として計上する，もしくは費用の戻入処理をすることが考えられる。

そして，移転補償は，動産の移転や，仮住居，雑費など移転に伴い生じる費用を補償する費用であり，当該費用の発生に応じて，収益として計上する，もしくは費用の戻入処理をすることが考えられる。最後に，工作物等の対価補償は，再開発に伴い保有資産を手放すことに伴う補償であるため，補償の権利が確定した時点で収益計上するものと考えられる。

これをまとめると図表4－14のようになる。補償金とその補償対象の実態に合致した会計処理を行うことが必要である。

図表4－14　97条補償金の会計処理

区　分	補償項目	会計処理
収益補償金	営業休止（収入），家賃減収，地代減収	補償期間にわたり収益計上
経費補償	営業休止（経費），仮店舗	費用の発生に対応して収益計上または費用戻入れ
移転補償	動産移転	費用の発生に対応して収益計上または費用戻入れ
対価補償金	工作物，立竹木土石	権利確定時に収益計上

(2) デベロッパーが補償金を収受した場合の留意点

不動産デベロッパーは，再開発の権利者となることを意図して開発区域内の土地建物を取得する場合がある。

補償金による資金回収を再開発投資の中に当初から織り込んで投資意思決定を行っている場合などは，デベロッパーが受領した補償金は，実態に応じて収益として会計処理するのではなく，投資額の一部の戻入れとして，不動産の取得原価から控除することが適切な場合もあると考えられる。

(3) 仕訳例

デベロッパーが，自身が従前から保有している不動産を基に地権者の一員として再開発組合に参画する。そして，地権者としての立場に基づき，都市再開発法第97条に基づき家賃減収補償を100百万円受領した。開発期間は５年間である。デベロッパーは取引の実態を勘案して５年間での収益の計上が適切であると判断した。

（保証金受領時）

（単位：百万円）

（借）	現　金　預　金	100	（貸）　前　受　収　益	100

（各期末）

（借）	前　受　収　益	20	（貸）　補償金収入	20

(4) 収益認識に関する会計基準との関係

「収益認識に関する会計基準（企業会計基準第29号）」は，顧客との契約から生じる収益に関する会計処理および開示に適用される。この会計基準では，顧客とは，「対価と交換に企業に通常の営業活動により生じたアウトプットである財またはサービスを得るために当該企業と契約した当事者」と定義されている（第５項）。

ここで，市街地再開発事業に基づき地権者が再開発組合から補償金を収受する場合，再開発組合は地権者の合意により再開発事業を行うことを目的とし，通常の営業活動により生じたアウトプットまたは財またはサービスを得るために契約した当事者とは認められない。したがって，再開発組合は，顧客の定義に該当すると認められず，補償金の会計処理は収益認識に関する会計基準の適用対象外になるものと考えられる。

(5)　補償金に係る圧縮記帳の会計処理

圧縮記帳が税務上認められるためには，一定の経理処理が要求されている。

国庫補助金，工事負担金等で取得した資産については，監査第一委員会報告第43号に定められているとおり，積立金方式によることが望ましいとされ，対価補償金で代替資産を取得した場合も同様と考えられる。ただし，企業会計原則注解24の定めにより，国庫補助金等に相当する金額をその取得原価から控除する直接減額方式を採用することも監査上妥当なものとして取り扱われる。

会社法においては，積立金の計上は，法人税等の税額計算を含む決算手続として会計処理することとなる。具体的には，貸借対照表および株主資本等変動計算書に積立金の計上および取崩処理を反映させるとともに，株主総会または取締役会で財務諸表の承認を行う必要がある。

①　積立金方式

決算手続として繰越利益剰余金を取り崩して積立金勘定に計上する経理処理方法である。

積立金方式を採用した場合は，会計上の固定資産簿価（取得価額）と税務上の固定資産簿価（取得価額から圧縮積立金を控除した後の額）に差額が生じ，当該差額は将来加算一時差異として税効果会計の対象となり（会計制度委員会報告第10号「個別財務諸表における税効果会計に関する実務指針」第10項）圧縮積立金は税効果相当額を控除した金額を計上することとなる（同実務指針第

20項）。

そして，翌期以降に減価償却または売却等を通じて固定資産圧縮積立金の取崩しを行い，これによる一時差異の解消に応じて繰延税金負債の取崩しを行っていく。

②　直接減額方式

損金経理により取得原価から圧縮損相当額を直接減額する経理処理方法である。

設例

【前提条件】

97条補償金のうち，15百万円が対価補償金と認められたため，取得した保留床の圧縮記帳を行った（圧縮限度額12百万円）。実効税率は30％とする。

【会計処理】

(a)　保留床取得時

（単位：百万円）

（借）	土　　地	50	（貸）	現　金　預　金	50

(b)　圧縮記帳

（i）　積立金方式

（借）	繰越利益剰余金	8.4	（貸）	固定資産圧縮積立金	(※1)8.4
	法人税等調整額	3.6		繰延税金負債	(※2)3.6

（注）　この場合には申告調整による減算処理を行っている。
（※１）　圧縮記帳積立金　12×（１－30％）＝8.4百万円
（※２）　繰延税金負債　12×30％＝3.6百万円

(ii)　直接減額方式

(借)	土地圧縮損	12	(貸)	土　　地	12

第5章

第一種市街地再開発事業における転出者の会計・税務

本章のポイント

事業を円滑に進めるため，権利変換期日以前に先行買収により転出する者については，税制上の特例が認められている。また，権利変換手続等により権利を失う者等について，補償金に係る収用等の特例が設けられている。

1 転出（金銭給付）の特徴

権利変換を希望せずに転出により金銭給付を受けるためには権利者は施行者に対し施行認可の公告があった日から30日以内に金銭給付等の申出をする必要がある（都再法71①③）。

なお，権利変換の形態は第4章で前述しているが，原則型はほとんど実施されておらず，近年は110条方式（全員同意型）と111条方式（地上権非設定型）が概ね半々程度で実施されている。

110条方式以外では上記期間経過後6か月以内に権利変換計画の縦覧が開始されないときは当該6か月期間経過後30日以内に申出の撤回または新たに申出をすることができることとされている（都再法71④）。

この転出の申出をしない場合，110条方式の場合には権利変換の同意書により従後資産の価額，権利変換の内容が記載され配置も確定する。

111条方式の場合，金銭給付の申出がない場合には位置決めの合意がなくても特定の区画に強制権利変換されることになる。したがって，権利変換期日後に施行者から金銭補償を受け転出することになった場合には単なる売買となり，転出に伴って税務上の特例である収用等の特例の適用は受けられないこととなる点には留意が必要である。

また，市街地再開発事業において施行者が支払う補償金には大きく分けて2つある。

① 91条補償

都市再開発法第91条第1項は，施行者は，施行地区内の土地・土地上の建物等の権利を有するもので，権利変換期日において当該権利を失うものに対し，その補償として，権利変換期日までに，一定の補償金を利息を付して支払わなければならない旨を規定している。この規定に基づいて行われる91条補償と呼ばれる補償は，転出者が保有していた土地・建物などの資産に対してなされる補償であり，一般の公共事業における土地・建物等の買取りまたは移転補償に相当するものである。

② 97条補償

都市再開発法第97条第1項は，権利変換期日後に施行区域内の土地・土地上の建物等を明け渡すこととなる当該土地等の占有者や権利者に対して，明渡しに伴い通常受ける損失を補償しなければならない旨を規定している。この規定に基づいて行われる97条補償と呼ばれる補償は，通損補償とも呼ばれ，営業補償，仮住居補償，動産移転補償，権利変換の対象とならない物件（土石竹木等）の補償などを行うものである。

2 転出に関する会計処理（会計）

(1) 転出により補償金を受け取った場合

転出に関連して受領する補償金は，原則として受領時に収益計上することとなる。

(2) 補償金により代替資産を購入した場合

補償金により代替資産を取得した場合には，税法が定める一定の要件を満たすときは，収用等の特例として圧縮記帳を選択適用することが可能である（後述3から6を参照）。圧縮記帳の会計処理は，積立金方式に加えて，明け渡した資産と代替取得した資産が同一種類，同一用途である等，交換取引に準ずるものとして代替取得資産の価額として明け渡した資産の帳簿価額を付すことが適当と認められる場合には，譲渡益相当額を代替取得資産の取得価額から控除した金額とする，いわゆる直接減額方式も認められるものと考える（監査第一委員会報告第43号参照）。

積立金方式，直接減額方式の具体的な会計処理については第4章11を参照されたい。

3 転出の税制上の特例 税務

第一種市街地再開発事業は権利変換方式とも呼ばれ，権利変換者への税制優遇措置が多く，地区外転出者には少ないのであるが，権利者に支払われた土地，借地権，建物の補償金の給付を受けるにあたり後述6で説明する一定の条件付きの転出の場合には，収用等の特例としていわゆる圧縮記帳である代替資産取得の特例か5,000万円特別控除のどちらかを選択適用できる。

代替資産取得については，権利変換とは異なり登録免許税の特例はないが一定の要件のもと不動産取得税の特例や特別土地保有税の特例がある。借家人についても借家人補償等の対価補償金について一定の条件付きで代替資産取得の特例か5,000万円控除の特例がある。

4 税制上の特例の対象となる補償金の範囲 税務

(1) 91条補償金

91条補償金は権利の消滅の対価であるので，通常は収用等の特例の対象になる対価補償金に該当するものである。収用等の特例の対象となる補償金には91条補償金の利息相当額は含まれるが，同条第２項の規定により支払われる過怠金の額および同法第118条の15第１項の規定により支払われる利息相当額は含まれない（措通64(2)－15）。

(2) 97条補償金

97条補償についても，対価補償金に該当するものについては91条補償の場合と同様に収用等の特例が適用されるものである。

5 税制優遇を受けるための一定の条件 税務

第一種市街地再開発事業は収用事業とは異なり，代替資産取得の特例および5,000万円控除の特例の適用を受ける場合には，以下の条件による対価補償金たる転出補償金である必要がある（措法64①三の二，六，65の２）。

- 過少床になるため権利変換を受けられない場合の補償金
- やむを得ない事情により，権利変換を希望しない旨の申出をしたことにより支払われる補償金
- 権利変換することができない権利に対する補償金

また，やむを得ない事情に該当するかについての一般的な基準については，施行者が金銭給付を申し出ることができる期間が経過する前に所轄の税務当局と事前協議することが必要とされている。

やむを得ない事情等に該当しなくても租税特別措置法第65条の７の特定資産

の買換特例の要件を充足している場合には特定資産の買換特例を適用することが可能である。

また，土地譲渡益に対する５％または10％の土地重課税制度についても収用換地等による譲渡で，当該譲渡に係る土地等が事業の用に供されるものは適用除外である（措法62の３④三，63③三）。

(1) 過小床不交付の場合

権利変換計画は，災害を防止し，衛生を向上し，その他居住条件を改善するとともに，施設建築物，施設建築敷地および個別利用区内の宅地の合理的利用を図るように定めなければならないことから床面積が過小となる施設建築物の一部の床面積を増して適正にすることができることとされている（都再法79①）。

過小な床面積の基準は施行者が審査委員会の過半数の同意を得，または市街地再開発審査会の議決を経て定めるものとされているが，具体的な基準は，以下に掲げるものとされている（都再法79②，都再令27）。

①　人の居住の用に供される部分については30m^{2}以上50m^{2}以下
②　事務所，店舗その他これらに類するものの用に供される部分については10m^{2}以上20m^{2}以下

そして，権利変換計画においては，その過小床基準に照らし，床面積が著しく小である施設建築物の一部（またはその借家権）が与えられることとなる者に対しては施設建築物の一部等（または借家権）が与えられないように定めることができるとされている（都再法79③）。これは，居住条件を改善するとともに土地，建物の合理的利用を期待する観点から床面積の規模の適正化を図るためのものであり，換地処分の場合に過小宅地には換地を与えないのと同じことである。

⑵ やむを得ない事情により権利変換を希望しない旨の申出をした場合

税制優遇の要件として，やむを得ない事情により都市再開発法第71条第１項または第３項の申出をしたと認められる必要がある（上記⑴の過小床不交付基準に該当する場合を除く。)。

このやむを得ない事情は，限定列挙されており，市街地再開発事業の施行者

図表５－１　各号の具体例

やむを得ない事情		例
①	既存不適合の事業である場合（第１号）	第一種低層住居専用地域や第二種低層住居専用地域で機械工業，自動車塗装業，風俗営業等を営んでいる場合には，新築すればその用途に供することができないから，営業を継続することは不可能になる。
②	危険又は有害な事業である場合（第２号）	火薬製造業，ガソリンスタンド，メッキ業等を営んでいる場合
③	居住用の生活又は事業に著しい支障を与える事業である場合（第３号）	騒音，震動，ばい煙，スス，悪臭等により施設建築物内の生活や事業に対して著しい支障を与えるような印刷業，漬物製造業等を営んでいる場合
④	従前の事業を継続することが困難又は不適当である場合（第４号）	構造や利用状況等を総合的に勘案して，中高層の共同ビルでは従前事業を継続しがたいと判定される場合 ㋐　庭，作業場，材料置場，荷捌所等がなくなり必要面積が確保できないため，事業継続が困難又は不適当となるもの…旅館，自動車修理業，建材業，運送業等 ㋑　天井の高さが足りなくなる，煙突が立てられない等により事業継続が困難又は不適当となるもの…風呂屋等 ㋒　零細企業のため高層ビルでは事業継続が困難又は不適当となるもの…質屋，魚屋，駄菓子屋等

（出所）　武田昌輔編著「DHC コンメンタール　法人税法」（第一法規）3,829～3,830頁

が，以下のいずれかに該当するものとして審査委員の過半数の同意を得，または市街地再開発審査会の過半数の議決を経て認められた場合とされている（措令39⑦）。

限定列挙された各号の具体例としては図表5－1のようなものである。

⑶　権利変換することができない権利に対する補償金を取得した場合

権利変換により新たな権利に変換することなく消滅する権利としては，例えば，①地役権，②工作物（立看板，広告塔など）所有のための地上権または賃借権，③借地法の適用を受けない借地権のような用益権があり，これらの権利は新たに建設されることとなる施設建築物（高層ビル）とその土地に関する権利に変換されることは不適当であるから，権利変換期日において消滅されるものである（措通64⑴－7）。

6　転出者が受け取る補償金の税務　税務

⑴　収益計上時期（原則）

権利変換を希望せず地区外へ転出する場合には，土地や建物の代わりに補償金を権利変換期日に支払われるのが通常であり，原則として権利変換期日に収益計上しなければならない。

一般の固定資産の譲渡の場合と同様，資産の引渡しの日または譲渡契約の効力発生日が収益計上時期となり，権利変換期日に従前資産の権利が消滅し，補償金を受領することになるため通常は権利変換期日が資産の引渡日ということになる（法基通2－1－14）。

⑵　代替資産取得の特例（圧縮記帳）

法人の有する資産（棚卸資産を除く。）につき，都市再開発法による第一種市街地再開発事業が施行された場合において，対価補償金を受領した日の属する事業年度に代替資産を取得した場合には，代替資産の帳簿価額につき圧縮限度額の範囲内でその帳簿価額を損金経理により減額しまたは積立金として積み立てる方法により経理したときは，その減額または経理した金額を損金の額に算入することができる（措法64①三の二，六）。

圧縮限度額	＝	代替資産の取得価額×差益割合
差益割合	＝	改訂補償金－譲渡資産の譲渡直前帳簿価額(※) / 改訂補償金
改訂補償金	＝	対価補償金－（譲渡経費－譲渡経費のための補償金）

（※） 譲渡資産の譲渡直前帳簿価額は，当該資産の税務否認額を含めた税務上の帳簿価額

なお，再開発会社施行による第一種市街地再開発事業の場合には，当該再開発会社の株主または社員である者が，当該資産に係る権利変換により，または当該資産に関して有する権利で権利変換により新たな権利に変換をすることのないものが消滅したことにより，補償金を取得するときは税制優遇の適用対象から除かれることとされている（措令39⑧）。

権利変換期日から２年以内に代替資産を取得する見込みで，代替資産の取得に充てようとする金額に一定割合を乗じた金額について特別勘定を設ける方法により経理したときも，その金額を損金算入する（措法64の２①）。

① 代替資産の範囲

圧縮記帳の適用を受けるためには，まず代替資産を取得する必要がある。この場合の代替資産の範囲は，以下のとおりである（措法64①，措令39②③④，措規22の２③）。

なお，所有権移転外リース取引による取得は除かれている。

個別法	譲渡資産と同種の資産または権利
一組法	一の効用を有する一組の譲渡資産（例えば土地と建物等）と同じ効用を有する資産
事業継続法	法人の事業の用に供するための減価償却資産ならびに土地および土地の上に存する権利

②　代替資産の取得時期

代替資産の取得時期の特例を適用するためには，一定期間内に代替資産を取得することが必要であり，権利変換期日から２年以内に取得するものでなければならない。したがって，権利変換期日において現に建設，製造または制作中であるもの，または同日前に取得したものは代替資産に該当しない。

取得時期，特例の適用時期およびその経理方法は，図表５－２のとおりである（措法64①，64の２①，措令39⑲，措規22の２⑥）。

図表５－２　取得時期，特例の適用時期およびその経理方法

権利変換期日の属する事業年度で代替資産を取得している場合	権利変換期日の属する事業年度中に取得した場合には，当該事業年度において圧縮記帳の方法により経理するとともに，法人税の申告書において別表十三(四)「収用換地等に伴い取得した資産の圧縮額等の損金算入に関する明細書」を作成し施行者の作成した証明書も添付する。
権利変換期日から２年以内に代替資産を取得している場合	権利変換期日の属する事業年度の翌事業年度以後に代替資産の取得をする見込みである場合には，特別勘定経理の方法により課税の繰延べを行うとともに，法人税の申告書において別表十三(四)を作成し施行者の作成した証明書も添付する。また，特別勘定は期限内に取り崩して収益計上を行うとともに代替資産の圧縮記帳をする。
権利変換期日から	代替資産の取得ができなかった場合には5,000万円控除に切り替えて申告をする。 ただし，工場等の敷地の用に供する宅地の造成または工場等の建設等に要する期間が通常２年を超えるため権利変換期日以後２年以内に代替資産として取得をすることが困難であり，権利変換期日から３年以内にその資産を取得することが確実であ

2年以内に代替資産を取得していない場合	ると認められるときには，代替資産を取得することができることとなると認められる日まで特別勘定の設定期間を延長することができる。 　この特例の適用を受ける場合には，代替資産を取得できなかったことについてのやむを得ない事情の詳細，代替資産の取得予定年月日および取得見積資産その他の明細を記載した書類を確定申告書に添付する。

なお，平成30年4月1日以後終了事業年度の申告から平成30年度税制改正に伴い実施するe-Taxの利便性向上施策により，添付することとされている収用証明書等の第三者作成書類を保存することにより，その制度の適用が認められることとなり，この取扱いは電子申告が義務化されていない中小法人等が行う書面申告等の場合も同様である。

上記の特別勘定として経理することができる金額（繰入限度額）は，法人が支払いを受けた補償金等の額で代替資産の取得に充てようとするものの額に差益割合を乗じて計算した金額である。

繰入限度額　＝　補償金等のうち代替資産の取得に充てようとする金額　×　差益割合

(3)　5,000万円特別控除

代替資産取得の特例と同様に権利変換によって対価補償金を取得した場合において，以下の条件のすべてを満たしているときは，5,000万円と譲渡益の額のいずれか少ない金額を損金の額に算入することができる（措法65の2①)。

- その譲渡を行った事業年度のうち同一の年に属する期間中に権利変換により譲渡したすべての資産について圧縮記帳を適用していないこと
- 譲渡が買取り等の最初の申出があった日から6か月以内に行われたこと
- 譲渡が最初に買取り等の申出を受けた者によって直接行われたこと

譲渡益＝対価補償金－（譲渡資産の譲渡直前帳簿価額(※1)＋譲渡経費(※2)）
5,000万円（特別控除額）

（※１）　当該資産の税務否認額を含めた税務上の帳簿価額
（※２）　譲渡経費のための補償金がある場合には，譲渡経費からその補償金を控除した金額

特別控除の適用を受ける場合には，法人税の申告書において別表十(五)「収用換地等及び特定事業の用地買収等の場合の所得の特別控除等に関する明細書」を作成し施行者の作成した証明書も添付しなければならない（平成30年４月１日以後終了事業年度の申告から平成30年度税制改正に伴い実施するe-Taxの利便性向上施策により，添付することとされている収用証明書等の第三者作成書類を保存することにより，その制度の適用が認められることとなり，この取扱いは電子申告が義務化されていない中小法人等が行う書面申告等の場合も同様である。)。

なお，当初代替資産取得予定で特別勘定繰入れを行ったが代替資産取得を行わなかったため，特別勘定を取り崩して改めて5,000万円控除を行うことはできる（措法65の２⑦)。

その逆に当初代替資産の取得の方針が確定しておらず5,000万円控除の適用を受けた事業年度後に5,000万円を超える代替資産を取得しても5,000万円控除の申告を撤回して代替資産の取得に変更することができない点は，留意が必要である。

同一年に他の収用事業等で対価補償金を受領する場合でも暦年で5,000万円が上限となる点も留意が必要である（措通65の２－３)。

7　転出した場合の不動産流通税　税務

代替資産取得に伴い発生する土地・建物の登録免許税については市街地再開発事業に関連する優遇税制はない。

不動産取得税について，以下の補償金を受けた者が，２年以内に代替資産を取得した場合，代替資産の課税標準算定について，従前資産の固定資産課税台帳に登録された価格に相当する価額が控除される（地法73の14⑧二）。

- 過小床になるため権利変換を受けられない場合の補償金
- やむを得ない事情により，権利変換を希望しない旨の申出をしたことにより支払われる補償金

この特例は従前資産が借地権の場合には適用がないこと，また申告制度であるので申告しなければ通常課税となることには注意が必要である。また，国税の代替資産の取得方法と同様に一組法が設けられている。

しかしながら，国税で認められている先行取得についての不動産取得税の特例は規定されていない。この特例は公共事業には地方税法上も設けられているのであるが，第一種市街地再開発事業は公共事業に該当しないことから規定がない。地方自治体によっては独自の判断で特例を適用するケースもあるため，市街地再開発事業が行われる各自治体の条例等も確認する必要がある。

特別土地保有税について，上記の不動産取得税の特例を受ける者が，代替資産を取得した場合，当該取得に対して非課税となる。なお，従前の宅地が特別土地保有税の非適用土地である場合は，保有に対しても非課税となる（地法587）。

ただし，特別土地保有税は，市街地再開発事業に限らず，当分の間は非課税とされている。

8 借家人の転出と代替資産 税務

借家人補償や借家権補償が支払われる場合も，過小床不交付基準に該当するかやむを得ない事情に該当することで収用等の特例を適用できる。

借家人補償金，借家権補償金を転出先の建物の賃借に要する権利金や固定資産の取得に充てた場合にも代替資産の特例がある（措通64(2)－21，22）。

9　一部権利変換一部転出　税務

権利者の選択で一部を権利変換し，残りの一部については金銭給付の申出をして91条補償金を受領する場合がある。

権利変換部分と転出部分の金額は通常は床面積割合で按分することになるため，図面や物件調書での区分が必要である。

その場合の課税関係は以下のとおりである。

> ①　一部権利変換
> ➡すべて権利変換をする場合と同様に圧縮記帳の特例が可能である
> ②　一部転出
> ➡やむを得ない事情等に該当する場合には，代替資産取得の特例か5,000万円控除の特例のいずれかを選択適用することができるが，やむを得ない事情等に該当しない場合は通常の売却と同様の課税関係となる

10　特定の状況下で土地等を買い取られた場合　税務

組合施行の再開発で，権利変換を受けずに金銭給付等の申出をした者に対する税制は前述のとおりであるが，権利変換前に組合に譲渡して事前転出した場合など特定の状況下での税務上の取扱いは以下のとおりである。

(1)　2,000万円特別控除

第一種市街地再開発の場合には，都市再開発法第11条第２項の認可を受けて設立された市街地再開発組合に事業予定地内の土地等（建物については適用なし）を買い取られた場合には2,000万円の特別控除の適用がある（措法65の３①二）。

市街地再開発組合は，定款および事業計画を定め，都道府県知事の認可を受

けて設立されるケース（都再法11①）と，事業計画の決定前に組合を設立する必要がある場合には，定款および事業基本方針の都道府県知事認可により設立されるケース（都再法11②）の２つがあり，事業認可前設立の再開発組合が都市計画法第56条に基づいて買取りを行う場合には2,000万円控除となる。

事業計画認可前は都市計画法が適用され，認可後は都市計画法の特別法である都市再開発法が適用される。

なお，同じ都市計画法第56条に基づく買取りの場合でも相手方が組合ではなければ5,000万円の特別控除となる点は留意が必要である（措法64①三の四，65の２①）。

また，国，地方公共団体，独立行政法人都市再生機構または地方住宅供給公社が都市再開発法による第一種市街地再開発事業として行う公共施設の整備改善，宅地の造成，共同住宅の建設または建築物および建築敷地の整備に関する事業の用に供するために土地等（建物については適用なし）の買取りを行う場合にも同様に2,000万円の特別控除の適用がある（措法65の３①一）。

(2) 1,500万円特別控除

第一種市街地再開発において市街地再開発促進区域等で，建築行為等の不許可により，知事等に土地等（建物については適用なし）を買い取られる場合には1,500万円の特別控除の適用がある（措法65の４①二十）。

11 地区外転出者向け税制まとめ 税務

地区外転出者向けの税制については図表５－３のとおりである。

図表５－３　税制まとめ

税目	内容・要件	条項	備考
法人税	代替資産取得の特例または5,000万円特別控除		
	権利変換においてやむを得ない事情による転出に係る補償金について	措法64①三の二，六，65の２，68の72①②，68の73	土地所有者・借地権者以外に，建物所有者，借家権者にも適用 再開発会社の株主または社員については適用なし
	権利変換において過小床不交付に係る補償金について		
	新たな権利に変換することのない所有権以外の権利に係る補償金について		再開発会社の株主または社員については適用なし
	土地等が都市計画法第56条第１項により買い取られる場合	措法64①三の四，65の２，68の70①②，68の73	
	施行区域内または２号地区内もしくは２項地区内(注)の土地等が第一種市街地再開発事業の用に供するため地方公共団体等に買い取られた場合の2,000万円特別控除	措法65の３①一，68の74①	建物について適用なし
	第一種市街地再開発事業の施行地区内の土地等が都市再開発法第11条第２項の認可を受けて設立された市街地再開発組合に買い取られる場合の2,000万円特別控除	措法65の３①二，68の74①	建物について適用なし
	市街地再開発促進区域内の土地等が都市再開発法第７条の６により買い取られた場合の1,500万円特別控除	措法65の４①二十，68の75①，68の74①	建物について適用なし
不動産取得税	収用事業のため土地等が買い取られ，代替資産を取得した場合の従	地法73の14⑥	収用等のあった日から２年以内の代替資産取得

	前資産価額相当分控除		
	権利変換においてやむを得ない事情により転出した場合または過小床不交付の場合の補償金（91条補償）で代替資産を取得した場合の従前資産価額相当控除	地法73の14⑧二	権利変換期日から2年以内の代替資産取得
特別土地保有税	資産を収用された場合（二種）または地方税法73条の14第8項の適用がある場合（一種）の補償金で代替資産を取得した場合非課税	地法587	

（注）　1号市街地とは，政令で定める都市計画区域内にある計画的な再開発が必要な市街地（都再法2の3①一）をいう。
　2号地区とは，1号市街地のうち，特に一体的かつ総合的に市街地の再開発を促進すべき相当規模の地区（都再法2の3①二）をいう。
　2項地区とは，上記の都市計画区域以外で，計画的な再開発が必要な市街地のうち，特に一体的かつ総合的に市街地の再開発を促進すべき相当規模の地区（都再法2の3②）をいう。

12 施行者の事務処理

転出に関して，施行者は権利者および借家人に転出の意向があるかどうかを把握し，所轄の税務当局の事前協議など主に以下のような事務処理が必要である。また，権利者および借家人に対して税務説明会や相談会を開催するなど申告が適切に行えるようにサポートをすることも必要である。

(1) 国税当局との事前協議

事前協議は転出者の金銭給付の申し出ることができる期間が経過するまでに完了させなければならないため権利者および借家人の意向をすべて取りまとめられていない状況であるのが通常であると考えられるが，再開発事業認可後速やかに国税当局に対して事業概要やスケジュールの説明および関連資料の提出を行い，国税当局からの確認書を受領するまで継続する。

(2) 過小床の基準算定

審査委員の過半数の同意または市街地再開発審査会の議決を経て定める。

(3) 転出希望者からの申出受領

権利者および借家人から金銭給付等の申出書または借家権消滅希望の申出書を受領する。

(4) やむを得ない事情に該当するかの議決

審査委員の過半数同意または市街地再開発審査会の過半数議決を経て定める。

(5) 収用証明書の発行

国税当局との事前協議の確認書受領後，過小床またはやむを得ない事情が認められる権利者または借家人に対し，収用等の特例を受けるための収用証明書を発行する。

(6) 支払調書の提出

91条補償金および97条補償金を権利者等に支払う場合には，施行者は支払調書を作成し所轄税務署長に提出を行う。

図表5－4　支払調書

年分不動産等の譲受けの対価の支払調書

収

支払を受ける者	住所(居所)又は所在地			
	氏名又は名称			個人番号又は法人番号
物件の種類	物件の所在地	数量(㎡)	取得年月日	支払金額　円
				0
合　計				0

摘要

支払総額　円

損失補償の交付名義及び支払金額(円)

建物補償	駐車場減収補償
工作物補償	家賃減収補償
立竹木補償	営業補償(経費)
動産移転補償	営業補償(収益)
仮住居補償	移転雑費補償
仮店舗等補償	借家人補償
地代減収補償	その他補償

(損失補償支払合計　)

事業名

支払者	住所(居所)又は所在地		
	氏名又は名称		個人番号又は法人番号

第6章

第一種市街地再開発事業における保留床取得者の会計・税務と会計上の資産評価

本章のポイント

本章では，土地の高度利用で生み出され市街地再開発事業推進の財源となる保留床について，その会計・税務の取扱いについて見ていく。

また，地主の反対やコストオーバーランの再開発事業に特有の不確実性を踏まえた棚卸資産の評価や固定資産の減損会計における会計上の見積りの留意点についても見ていく。

1 保留床とは

保留床とは，市街地再開発事業において，新たに生み出された建物（施設建築物）の敷地・床のうち，権利者には与えられずに残された敷地・床をいう。

市街地再開発事業では通常，権利者はその所有する土地を，不動産デベロッパーは資金を提供し，再開発区域内に道路や公園等の必要な基盤施設を整備しながら再開発ビル等を建設することになる。土地の共同化と容積率の引上げにより，通常，再開発ビル等は以前の床面積を大きく上回る規模を確保できることになる。

この再開発ビル等の床は権利床と保留床に分かれ，権利床は権利者が取得し，所有していた土地・建物の価値に見合う広さの床を権利変換により取得する。一方，保留床は，資金を提供したデベロッパーが取得するケースが多く，当該

図表6－1　市街地再開発のイメージ図

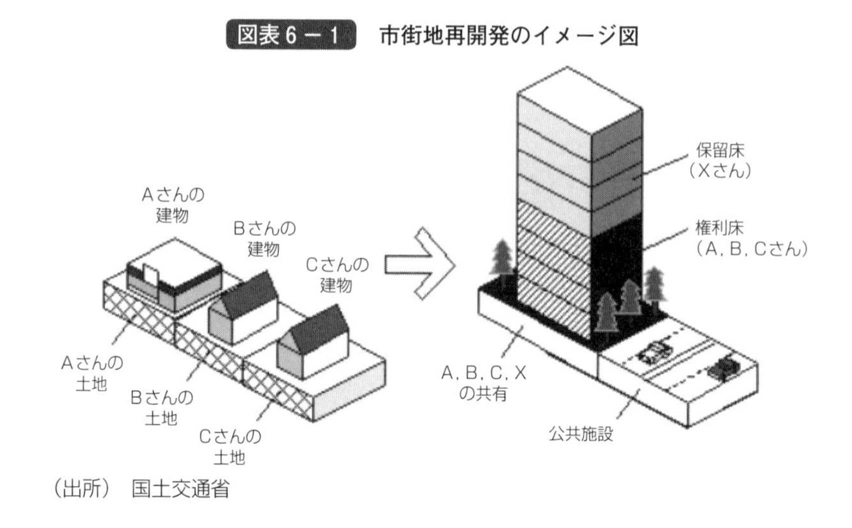

（出所）国土交通省

資金に対応した広さの床を取得することになる。

保留床は，いわば事業によって新しく生み出された不動産価値が具体的な形になったものであると考えることができる。保留床の処分の方法としては，組合が参加組合員に対して参加組合負担金を対価として保留床を処分する場合，組合が保留床を取得し公募により処分する場合のほか，保留床として公共施設を設け，これを行政に対して処分する場合などがある。

2　参加組合員制度とは

参加組合員とは，組合施行の市街地再開発事業において，土地・建物の権利を有しないが，上記保留床の取得予定者として，市街地再開発事業に参加し，市街地再開発組合の定款で定められた者をいう。

事業開始時（事業計画認可前）に保留床取得者として決定され，施行規程に取得予定の保有床および負担額が記載されることにより，その客観性が担保される。

権利変換時に土地取得費相当額，建物工事着工後には進捗に応じて建物取得費相当額を段階的に支払うことになる。保留床の取得を早期かつ確実に行いたいデベロッパーが参加組合員となることが一般的である。

3 保留床，参加組合員制度の会計 （会計）

保留床を取得する場合の会計処理については，保留床取得に要する支出額および事業の用に供するために要した費用の合計で測定する。具体的には，再開発に必要な事業費に基づき決定され，旧建物の解体費用，新建物の建設費用，地権者への補償金等の支出額で構成される。

なお，保留床を取得する参加組合員についても同様の会計処理となる。

設例

保留床の取得および事業の用に供するために要する支出額は50,000である。

（取得時）

（借）土地建物	50,000	（貸）現金預金	50,000

4 保留床，参加組合員制度の税務 （税務）

(1) 法人税法上の取扱い

保留床を取得した場合の取得価額の決定方法は会計と同様であり，法人税の課税所得の計算において特別な処理は発生しない。

なお，既成市街地内の資産を譲渡して，施設建築物およびその敷地を取得して，事業の用に供したとき等一定の要件を満たしたときは，当該保留床の取得について事業用資産の買換特例が適用されるケースがある（措法65の７表四）。なお，再開発会社が取得する保留床については適用がない。当然だが，買換特例に係る圧縮記帳であるため，申告要件も適切に充足させる必要がある。

⑵ 消費税

保留床については，建物に係る部分は課税仕入れ，土地に係る部分は非課税仕入れに該当する。取得経費のうちに課税仕入れに該当するものがあるときで，個別対応方式を採用しているときは，課税売上対応，非課税売上対応もしくは課税売上対応と非課税売上対応に共通するものに区分することになる。

⑶ 登録免許税

新規取得資産と同様に登録免許税が課税される。権利床のような特例は設けられていない。

⑷ 不動産取得税

新規取得資産と同様に不動産取得税が課税される。権利床のような特例は設けられていない。

⑸ 固定資産税

新規取得資産と同様に固定資産税が課税される。権利床のような特例は設けられていない。ただし，地方公共団体によっては，都市再開発法第138条に基づく高度利用地区内不均一課税を条例により設けて増床部分について特例があるケースもあるので留意されたい。

5 不動産の再開発に係る棚卸資産の評価および固定資産の減損会計（会計）

不動産の再開発では，地主の反対やコストオーバーランなど予定していないことが様々に起こる。資産の評価にあたっては合理的な計画に基づき見積もり，状況に応じて適切に見直しをしていくことが必要である。

(1)　はじめに

市街地再開発事業において，不動産デベロッパーは自己の保有する不動産の再開発を行う場合のほか，将来の再開発を見越して早期に用地を取得し，近隣地主との再開発の協議を行い，事業化を見極めていくことがある。そして，地主との協議が不調に終われば計画を断念することもある。事業化の初期検討段階においては，地権者との合意の実現可能性に留意することが必要である。

そして，事業の各フェーズにはそのほかにも例えば，工事金の上昇リスクや，開発後建物のテナント募集活動や，分譲価格に係るリスク等様々なリスクが存在する。

したがって，再開発事業における資産の評価では，まず，事業の実現可能性を考慮し，再開発事業を前提とするか，既存の不動産を前提とするかの検討を行い，再開発事業を前提とした評価では，事業の種々なリスクを考慮することが必要となる。

ここで，販売用不動産等は，販売目的で保有している不動産であり，その評価では正味売却価額が簿価を下回る場合には正味売却価額まで簿価を切り下げる。一方，固定資産は，賃貸等の事業用目的で保有する資産であり，資産の収益性の著しい低下が認められる場合に減損処理を行う。

デベロッパーは資産の保有目的に応じて，再開発のリスクを考慮した評価を行う。その概要は図表６－２のとおりである。

なお，分譲棟（販売用不動産等）と賃貸棟（固定資産）の複合開発を行う場合は，各資産を目的により区分し，区分の種類に応じた評価を行う。

(2)　販売用不動産等の評価

①　棚卸資産の評価に関する会計基準

「棚卸資産の評価に関する会計基準（企業会計基準第９号）」（以下「棚卸資産会計基準」という。）では，通常の販売目的で保有する棚卸資産について，取得原価をもって貸借対照表価額とし，期末における正味売却価額が取得原価

図表6－2

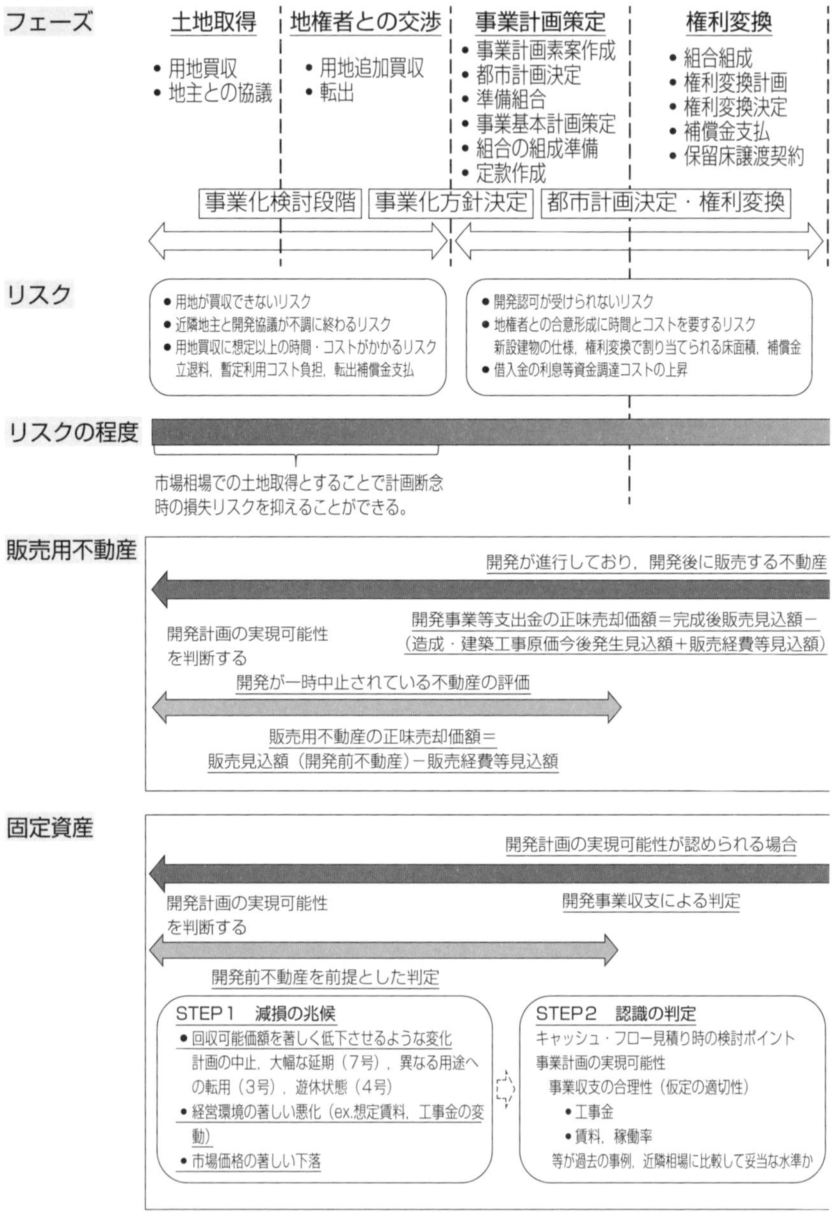

フェーズ
土地取得
・用地買収
・地主との協議
地権者との交渉
・用地追加買収
・転出
事業計画策定
・事業計画素案作成
・都市計画決定
・準備組合
・事業基本計画策定
・組合の組成準備
・定款作成
権利変換
・組合組成
・権利変換計画
・権利変換決定
・補償金支払
・保留床譲渡契約
事業化検討段階
事業化方針決定
都市計画決定・権利変換
リスク
・用地が買収できないリスク
・近隣地主と開発協議が不調に終わるリスク
・用地買収に想定以上の時間・コストがかかるリスク
立退料，暫定利用コスト負担，転出補償金支払
・開発認可が受けられないリスク
・地権者との合意形成に時間とコストを要するリスク
新設建物の仕様，権利変換で割り当てられる床面積，補償金
・借入金の利息等資金調達コストの上昇
リスクの程度
市場相場での土地取得とすることで計画断念時の損失リスクを抑えることができる。
販売用不動産
開発が進行しており，開発後に販売する不動産
開発計画の実現可能性を判断する
開発事業等支出金の正味売却価額＝完成後販売見込額－（造成・建築工事原価今後発生見込額＋販売経費等見込額）
開発が一時中止されている不動産の評価
販売用不動産の正味売却価額＝販売見込額（開発前不動産）－販売経費等見込額
固定資産
開発計画の実現可能性が認められる場合
開発計画の実現可能性を判断する
開発事業収支による判定
開発前不動産を前提とした判定
STEP1　減損の兆候
・回収可能価額を著しく低下させるような変化
計画の中止，大幅な延期（7号），異なる用途への転用（3号），遊休状態（4号）
・経営環境の著しい悪化（ex.想定賃料，工事金の変動）
・市場価格の著しい下落
STEP2　認識の判定
キャッシュ・フロー見積り時の検討ポイント
事業計画の実現可能性
事業収支の合理性（仮定の適切性）
・工事金
・賃料，稼働率
等が過去の事例，近隣相場に比較して妥当な水準か

リスク評価

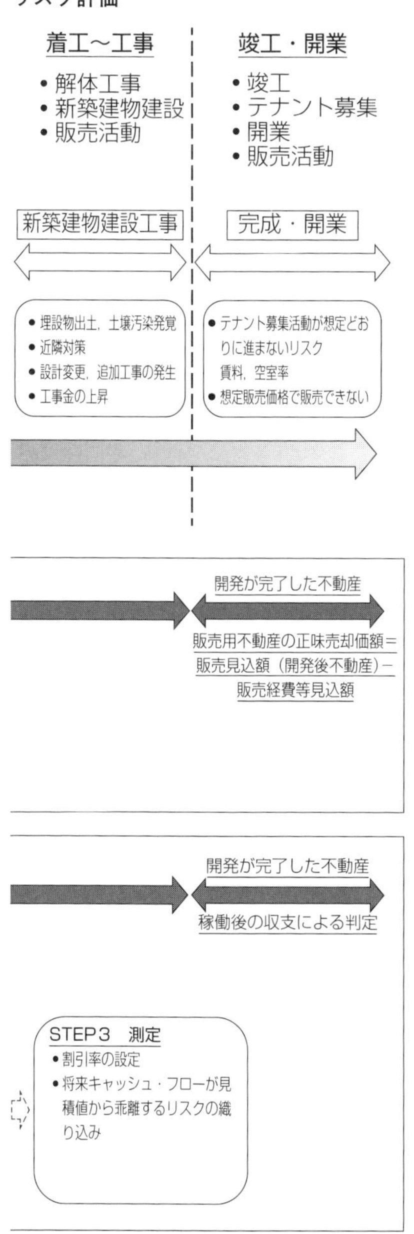
着工～工事
• 解体工事
• 新築建物建設
• 販売活動
竣工・開業
• 竣工
• テナント募集
• 開業
• 販売活動
新築建物建設工事
完成・開業
• 埋設物出土，土壌汚染発覚
• 近隣対策
• 設計変更，追加工事の発生
• 工事金の上昇
• テナント募集活動が想定どおりに進まないリスク
賃料，空室率
• 想定販売価格で販売できない
開発が完了した不動産
販売用不動産の正味売却価額＝販売見込額（開発後不動産）－販売経費等見込額
開発が完了した不動産
稼働後の収支による判定
STEP３　測定
• 割引率の設定
• 将来キャッシュ・フローが見積値から乖離するリスクの織り込み

よりも下落している場合には，収益性が低下しているとみて，当該正味売却価額をもって貸借対照表価額とするとともに，取得原価と当該正味売却価額との差額は当期の費用として処理する（簿価切下げ）こととされている。

② 市街地再開発における棚卸資産

デベロッパーは，土地を取得し，隣地の地権者と共同して市街地再開発事業により再開発を行う場合，土地の権利者としての立場と，再開発事業により生み出される保留床の取得者である参加組合員の双方の立場から再開発事業に関与することが多い。

この場合，デベロッパーは，開発事業のために取得した土地の権利変換を通じて，再開発後の新建物の一部を権利床として取得するとともに，土地の高度利用により生み出された新たな床を保留床として取得する。

前述のとおり，保留床の取得価額は再開発に必要な事業費に基づき決定され，旧建物の解体費用，新建物の建設費用，地権者への補償金等の支出額で構成される。

デベロッパーは，再開発事業により権利床と保留床を取得することとなるが，これを販売することにより回収をしていくことを意図した場合には，当該権利床と保留床が棚卸資産（販売用不動産等）として計上されることとなり，その期末における評価が論点となる。

③ 簿価切下げの単位

棚卸資産の収益性の低下の有無に係る判断および簿価切下げの単位について，棚卸資産会計基準第12項および第53項では，個別品目ごとに行うことが原則であるものの，複数の棚卸資産を一括りとした単位で行うことが投資の成果を適切に示すことができると判断できるときには，継続して適用することを条件としてその方法によるとしている。

開発段階では，会社はプロジェクト単位で採算管理を行い，投資の成果もプロジェクトごとに確定する。そのため，再開発事業に係る棚卸資産の収益性の低下の有無に係る判断および簿価切下げの単位は，通常はプロジェクトごとにグルーピングすると考えられる。

なお，分譲棟（販売用不動産等）と賃貸棟（固定資産）の複合開発を行う場合は，プロジェクト全体のうち，販売用不動産として区分された資産を一体としてグルーピングすると考えられる。

④　販売用不動産等の評価方法

「販売用不動産等の評価に関する監査上の取扱い」（監査委員会報告第69号。以下「監委第69号」という。）では，販売用不動産等の正味売却価額について，以下の２つのカテゴリーに分けて整理している。

(i)　開発を行わない不動産又は開発が完了した不動産
(ii)　開発事業が進行しており，開発後販売する不動産

開発の遅延または中断が生じる場合があり，この場合には，上記のいずれに該当するかが論点になる。これについては，下記⑤で説明する。

(i)　開発を行わない不動産または開発が完了した不動産

監委第69号では，以下の算式が示されている。

販売用不動産等の正味売却価額＝販売見込額－販売経費等見込額

販売用不動産等の正味売却価額を適切に算定するにあたっては，当該不動産等の販売見込額や販売経費等見込額を適切に見積もる必要がある。

(a)　販売見込額

販売見込額は，販売公表価格および販売予定価格とされている。ただし，販売公表価格または販売予定価格で販売できる見込みが乏しい物件もあると考えられるため，その販売見込額の算定にあたっては別途，販売可能見込額を見積もることとなる。

販売可能見込額の算定方法としては，監委第69号では大きく３つの方法を列

挙しており，ここから個々の不動産について最も適したものを選択することになると考えられる。

a．「不動産鑑定評価基準」に基づいて算定した価額

b．一般に公表されている地価または取引事例価格

- 公示価格，都道府県基準地価格から批准した価格
- 路線価による路線価評価額
- 固定資産税評価額を基にした倍率方式による相続税評価額
- 近隣の取引事例から比準した価格

(注) いずれの場合も時点修正，規模，地形，道路付き等の要素を比較考慮する必要がある。

c．収益還元価額

不動産鑑定評価基準に基づく直接還元法（一定期の純収益を還元利回りによって還元する方法）またはDCF法（連続する複数の期間に発生する純収益および復帰価格(注)を，その発生時期に応じて現在価値に割り引き，それぞれを合計する方法）により収益還元価額を算定する（不動産鑑定評価基準第7章第1節Ⅳ　収益還元法参照）。

(注) 保有期間の満了時点における対象不動産の価格（使用後の処分によって生ずると見込まれる将来キャッシュ・フロー）

なお，a．「不動産鑑定評価基準」に基づいて算定した価額について，不動産鑑定評価基準に基づいて算定すれば自社による評価も可能ではあるが，会社にとって重要な資産，複雑な資産については，不動産鑑定士による鑑定評価額を入手することが考えられる。

(b) 販売経費等見込額

必要とされる販売手数料，広告宣伝費等を見積もることになる。

(ii) 開発事業が進行しており，開発後に販売する不動産

監委第69号では，以下の算式が示されている。

開発事業等支出金の正味売却価額	＝	完成後販売見込額	－	（造成・建築工事原価今後発生見込額	＋	販売経費等見込額）

開発事業等支出金の正味売却価額の算定においては，特に，完成後販売見込額および造成・建築工事原価の今後の発生見込額について，開発計画において採用した仮定の合理性が重要である。各項目については以下のとおり算定される。

(a)　完成後販売見込額

完成後販売見込額は，販売公表価額，販売予定価額，あるいは販売可能見込額をもって見積もることになる。

【分譲マンションの場合】

完成後販売見込額は，一般的には，物件の立地条件（駅からの距離，近隣の施設等の生活環境），仕様（ファミリー向け，単身者向け，DINKS向け等），設備グレード，分譲時期等の要素を考慮し，近隣の過去類似物件や競合物件と比準して見積りを行うと考えられる。

【賃貸物件の分譲の場合】

賃貸物件の場合，賃貸事業収支に基づく収益還元価額で評価することが考えられる。なお，賃貸事業収支の見積りにおいては，物件の規模，グレード，竣工時期等の条件を踏まえて，賃料水準，稼働率（空室率），割引率，経費率を近隣の取引事例や取引時期等と比準して算定することが必要である。

(b)　造成・建築工事原価今後発生見込額

（総開発コスト見込額―既支出開発コスト）により算定される。

市街地再開発事業においては，再開発用地の取得，立退き等の支出を要し，取得した用地は権利変換により，権利床へと置き換わる。また，旧建物の解体費，建設工事費，地権者への補償金の支出は再開発組合での開発事業費を構成し，デベロッパーによる保留床の取得を通じて，保留床として計上される。

総開発コスト見込額の算定については，以下の点に注意が必要である。

- 不確実な希望的コスト削減効果を織り込まないこと

- 増額となる場合（例えば，埋蔵文化財の発見による調査が必要となった場合や工事に伴う近隣対策が必要となった場合など）には，漏れなく適時に修正すること

ここで，再開発用地として古建物付きの土地を取得した場合の賃借人の立退料の会計処理が問題となるが，当該古建物付き土地取得は，開発用地として利用することを目的としているのであるから，当該立退料は開発用地として取得するのに必要な付随費用（棚卸資産会計基準第6-2項）として土地の取得原価に算入することが考えられる。

(c) 販売経費等見込額

必要とされる販売手数料，広告宣伝費等を見積もることになる。

不動産開発は，不動産の付加価値を高めて投下資金を回収し，開発利益を得る目的で行われるため，販売用不動産等の取得時には以下のようになっていることが前提である。

（土地の取得原価＋総開発コスト＋販売経費）　＜　開発完成後の販売価格

したがって，事業計画の変更が生じた場合には収益性の低下の可能性の有無について慎重に検討することが必要である。

⑤ 開発が一時中止されている不動産の評価

不動産開発は，その着工から開発工事等の完了までに長期を要し，多くのリスクに晒されている。市街地再開発事業においても，以下の要因により開発計画の延期または中断が生じる場合がある。

【再開発におけるリスクの例示】

- 用地買収，既存賃借人の立退きに想定よりも時間とコストを要する
- 一体開発において地権者との合意形成に時間とコストを要する
- 開発許認可が受けられない
- 土壌汚染の発覚，埋設物の出土により，開発計画の変更を余儀なくされ

る
- 設計変更，追加工事費の発生や工事単価の上昇
- 買収および造成・建築等の開発資金不足
- 開発中の経済環境の変化により想定賃料でのテナント募集が行えない，想定販売価格での販売ができない
- 借入金の利息等，資金の調達コストの上昇

このような場合に，「開発を行わない不動産」，「開発後販売する不動産」のどちらに該当するかは，開発計画の実現可能性を検討して判断することとなる。計画が実現可能な場合は「開発後販売する不動産」として，計画に実現可能性が認められない場合は「開発を行わない不動産」として評価を行うこととなるが，その判断は明確な意思決定を行っているケース以外には困難な場合が多い。

実務上は，一定の具体的指針を企業の方針として定め，開発工事が一定期間延期または中断されている場合には，今後短期間にそれらの原因が解決するとは見込めないことから，開発計画の実現可能性はないものとみなす等の対応が考えられる。

(3)　固定資産の減損会計

①　固定資産の減損に係る会計基準（以下「減損会計基準」という。）

固定資産の減損とは，資産の収益性の低下により投資額の回収が見込めなくなった場合に，一定の条件のもとで回収可能性を反映させるように帳簿価額を減額する会計処理である。

固定資産の減損は以下の手順で行われる。

(i)　資産のグルーピングを行う

減損損失の認識・測定を行う単位としての，資産グループを決定する。資産グループとは，他の資産グループのキャッシュ・フローから，概ね独立したキャッシュ・フローを生み出す最小の単位をいう（減損会計基準二6.(1)）。

(ii)　減損の兆候の有無を把握する
減損の兆候とは，資産または資産グループに減損が生じている可能性を示す事象のことであり，減損会計基準では４つの項目が例示されている（減損会計基準二１.）。

(iii)　減損損失の認識の判定を行う
資産または資産グループから得られる割引前将来キャッシュ・フローの総額が帳簿価額を下回る場合には，減損損失を認識する（減損会計基準二２.）。

(iv)　減損損失を測定する
減損損失が認識された資産グループについては，帳簿価額を回収可能価額（正味売却価額と使用価値のいずれか高いほうの金額。使用価値とは，資産または資産グループの継続的使用と使用後の処分によって発生すると見込まれる将来キャッシュ・フローの現在価値）まで減額し，当該減少額を当期の減損損失とする（減損会計基準二３.）。

②　市街地再開発における固定資産の減損会計について

デベロッパーは，所有していた不動産の建替えを隣地の地権者と共同で行うことや，再開発が見込まれる地区の土地を取得し，当該地区の他の地権者と共同して再開発事業を行うことがある。

これらを市街地再開発事業として行う場合，デベロッパーは，土地の権利者としての立場と，保留床の取得者である参加組合員の立場の双方の立場から開発事業に関与する場合が多い。この場合，権利変換により権利床を取得するとともに，土地の高度利用によって生み出された新たな床を保留床として取得する。なお，保留床の取得価額は，再開発に必要な事業費に基づき決定され，旧建物の解体費用，新建物の建設費用，地権者への補償金等の支出額で構成される。

デベロッパーが，再開発事業による権利床と保留床を賃貸目的で保有することを意図した場合には，当該権利床と保留床が固定資産として計上されることとなり，その期末における固定資産の減損会計の適用が論点となる。

固定資産の減損会計の検討は，開発計画上の将来事業収支に基づいて行われることとなるが，市街地再開発事業は，開発期間が通常長期であること，地権者との交渉の状況や，都市計画の決定等の許認可の取得，建設工事金や，工事スケジュール，テナントの募集活動等において生じる様々なリスクに晒されていることから，会計上の見積りの要素が多く，かつ不確実性が高い点に留意が必要である。

なお，デベロッパーが開発予定地区の一部の土地を取得し，近隣の地主と一体開発の協議を行う開発計画の初期段階においては，再開発を前提とした判定を行うか，あるいは既存不動産での保有を前提とした判定を行うかを開発計画の実現可能性を踏まえて判断することが必要である。

③　グルーピング

資産のグルーピングは，実務的には企業の管理会計上の区分や投資の意思決定を行う際の単位等を考慮してその方法を定めることとしており，独立したキャッシュ・フローを生み出す最小の単位で行うことになる。

【グルーピングに際しての留意事項（企業会計基準適用指針第６号「固定資産の減損に係る会計基準の適用指針」（以下「減損適用指針」という。）第７項）】

(i)　収支は必ずしも企業の外部との間で直接的にキャッシュ・フローが生じている必要はなく，内部振替価格や共通費の配分額であっても，合理的なものであれば含まれる。

(ii)　継続して収支の把握がなされているものがグルーピングの単位決定の基礎となる。このため，収支の把握が通常行われていないが一時的に設定される単位は該当しない。

(iii)　賃貸不動産等，１つの資産において，１棟の建物が複数の単位に分割されて，継続的に収支の把握がなされている場合でも，通常はこの1つの資産がグルーピングの単位を決定する基礎となる。

(iv) グルーピングの単位を決定する基礎から生ずるキャッシュ・イン・フローが製品やサービスの性質，市場などの類似性などによって，他の事業単位から生ずるキャッシュ・イン・フローと相互補完的であり，当該単位を切り離したときには他の単位から生ずるキャッシュ・イン・フローに大きな影響を及ぼすと考えられる場合には，当該他の単位とグルーピングを行う。

デベロッパーにとって，権利床と保留床はいずれも建設後の同じ賃貸不動産であり，投資意思決定も一体での収支でなされ，稼働後も事業所単位で継続的な収支の把握が行われることから，グルーピングの単位を再開発プロジェクト単位とすることが想定される。

④ 兆候の有無の把握

減損の兆候の有無の把握については，開発事業の場合には以下のような点に留意する。

(i) キャッシュ・フローまたは損益の悪化

- キャッシュ・フローまたは損益の悪化については，資産または資産グループが使用されている営業活動から生ずる損益またはキャッシュ・フローが継続してマイナスとなっているか，または，継続してマイナスとなる見込みである場合には減損の兆候になる（減損会計基準二1．①）。
- 事業の立ち上げ時などあらかじめ合理的な事業計画が策定されており，当初より営業損益またはキャッシュ・フローが継続してマイナスとなることが予定されている場合は，投資後の収益性の低下により減損が生じている可能性を示しているわけではないので，実際のマイナスの額が当初予定されていたマイナスの額よりも著しく乖離している場合を除き，減損の兆候には該当しない（減損適用指針第81項）。

再開発事業の場合，開発期間中は事業推進のための費用は発生するが，開業前のため賃貸収入を生み出す状態ではない。そのため，通常，再開発事業の資産グループでは，継続的な営業赤字の状態になると考えられる。この場合，減損適用指針第81項に基づいて事業計画との比較を行い，当初想定されているマイナスからの著しい乖離がなければ減損の兆候には該当しないと判断されると考えられる。

(ii)　回収可能価額を著しく低下させるような変化

回収可能価額を著しく低下させるような変化については，減損適用指針第13項において以下の７つの例が示されている。

1．資産または資産グループが使用されている事業を廃止または再編成すること。事業の再編成には，重要な会社分割等の組織再編のほか，事業規模の大幅な縮小などが含まれる。
2．当初の予定よりも著しく早期に資産または資産グループを除却や売却等により処分すること。
3．資産または資産グループを当初の予定または現在の用途と異なる用途に転用すること。
　「異なる用途への転用」は，これまでの使い方による収益性や成長性を大きく変えるような使い方に変えることと考えられ，例えば，事業を縮小し余剰となった店舗を賃貸するような場合が該当する。
4．資産または資産グループが遊休状態になり，将来の用途が定まっていないこと。
5．資産または資産グループの稼働率が著しく低下した状態が続いており，著しく低下した稼働率が回復する見込みがないこと。
6．資産または資産グループに著しい陳腐化等の機能的減価が観察できること。

7．建設仮勘定に係る建設について，計画の中止または大幅な延期が決定されたことや当初の計画に比べて著しく滞っていること。

再開発事業では，このなかで，7について留意が必要である。

不動産の再開発は，前述のように，様々なリスクに晒されている。市街地再開発事業では，デベロッパーは地権者と合意形成を図りながら再開発事業を進める必要があり，自治体と協議しながら認可の取得を目指すが，地権者の反対を受けることや，地下埋設物が発見される等により必ずしも予定どおりに開発が進捗するとは限らない。特に開発スケジュールの遅延は開発コストを増加させる大きな原因となるため，建設工事の遅延，停止は事業収支に大きく影響する。このような場合に7に該当するか否かにつき慎重な判断が必要である。

(iii) 経営環境の著しい悪化

資産または資産グループが使用されている事業に関連して，経営環境が著しく悪化したか，または，悪化する見込みである場合には減損の兆候となる（減損会計基準二1．③参照）。

そして，減損適用指針第14項において以下の例示が示されている。

1．材料価格の高騰や，製・商品店頭価格やサービス料金，賃料水準の大幅な下落，製・商品販売量の著しい減少などが続いているような市場環境の著しい悪化
2．技術革新による著しい陳腐化や特許期間の終了による重要な関連技術の拡散などの技術的環境の著しい悪化
3．重要な法律改正，規制緩和や規制強化，重大な法令違反の発生などの法律的環境の著しい悪化

開発事業では1について留意が必要である。

市街地再開発事業は長期間を要する場合が多く，開発中の建設資材の高騰などにより建設工事金が開発事業収支に比べ著しく増加する場合や，不動産市況

の著しい悪化により，賃料水準や稼働率が開発事業収支に比して著しく下落するリスクに晒される期間が長くなる。したがって，１に該当するか否かにつき慎重な判断が必要である。

ⅳ　市場価格の著しい下落

市場価格が著しく下落していれば兆候ありとなる。

不動産市況の悪化等による賃料の下落，空室率の上昇による市場価格の下落への影響が懸念される場合には，不動産鑑定評価基準に基づく不動産鑑定評価額等により市場価格の著しい下落の有無を確認することなどが考えられる。

なお，開発不動産の場合，従前資産に比べて高い容積率になる等により評価額が従前資産に比べて高くなるのが通常であり，従前資産に係る市場価格として用いられる基準値や指標等と乖離することも考えられるため，開発を前提とした判定を行うか，既存不動産を前提とした評価とするのかについて慎重な判断が必要となる。

⑤　減損の認識の判定

- 減損の兆候がある資産または資産グループについて，割引前将来キャッシュ・フローの総額と帳簿価額を比較し，資産または資産グループから得られる割引前将来キャッシュ・フローの総額が帳簿価額を下回る場合には減損損失を認識する（減損会計基準二２．⑴）。
- 事業用資産の将来キャッシュ・フローの見積りから主観を完全に排除することは困難なため，結果としての減損の存在が相当程度確実になってから減損損失を認識することとなる（減損適用指針第96項）。

まず，開発計画の検討段階においては，開発を前提とした判定を行うか，既存不動産を前提とした評価とするのかについて開発計画の実現可能性を踏まえて判断することが必要である。

地主の合意形成や再開発計画の策定等が進み，再開発計画の実現可能性が認められる場合，開発計画に基づき将来キャッシュ・フローの見積りを行う。一方，地主の合意や，立退きの合意が得られず再開発計画の実現可能性が認められない場合，既存不動産を前提として将来キャッシュ・フローの見積りを行うことになると考えられる。

開発を前提する場合，デベロッパーの財務諸表には権利床や開発に直接関連するその他の支出が建設仮勘定として計上されるが，保留床の取得に係る支出は通常，段階的または竣工時に行われることになるため，再開発組合の事業計画に基づき将来キャッシュ・アウト・フローの見積りを行う。

また，建物竣工後の稼働によるキャッシュ・イン・フローは，開発後の建物について，物件の規模，グレード，築年数等の観点から近隣の類似物件と比準を行い，賃料水準や，空室率等の合理的な仮定を置き見積りを行うと考えられる。

なお，開発計画は通常長期であるため，開発計画の策定後における経済環境の変化が生じることが考えられ，定期的に，最新の状況に照らして妥当な見積りとなるよう各要素の仮定の見直しを行うことが必要である。

⑥　減損の測定

- 減損損失を認識すべきであると判定された資産または資産グループについては，帳簿価額を回収可能価額まで減額する（減損会計基準二３.）。
- 企業は，資産または資産グループに対する投資を売却と使用のいずれかの手段によって回収する。したがって，売却による回収額である正味売却価額（資産または資産グループの時価から処分費用見込額を控除して算定される金額）と，使用による回収額である使用価値（資産または資産グループの継続的使用と使用後の処分によって生ずると見込まれる将来キャッシュ・フローの現在価値）のいずれか高い金額が固定資産の回収可能価額となる（減損会計基準注解（注１）１.）。
- また，正味売却価額を算定する場合の時価とは，公正な評価額であり，通常，それは，観察可能な市場価格をいう（減損会計基準注解（注１）３.）が，市場価格が観察できない場合には合理的に算定された価格により，不動産の場合には「不動産鑑定評価基準」に基づき算定する。

- 使用価値の算定において，将来キャッシュ・フローが見積値から乖離するリスクについて将来キャッシュ・フローの見積りと割引率のいずれかに反映させる必要がある（減損会計基準注解（注６））。
- 使用価値の算定においては，将来キャッシュ・フローが見積値から乖離するリスクを使用価値の算定に反映させるにあたって，実務的にはリスクは割引率に反映させる場合が多い（減損適用指針第39項(1)）。

再開発事業は，前述のとおり長期にわたり，様々なリスクに晒されている。

使用価値の算定上，将来キャッシュ・フローが見積値から乖離するリスクを反映させるにあたっては，開発のどのフェーズにあり，どの程度のリスクがあるかを考慮する必要がある。一般的には，開発初期段階では不確定要素が多いのに対して，計画の進捗につれ，地権者の合意，新築建物の仕様決定，ゼネコンとの建設工事契約の締結，テナントとの賃貸借契約の締結などにより不確定要素が少なくなっていく。したがって，開発の初期段階では，開発後期に比べてより多くのリスクプレミアムがあると考えられる。

また，正味売却価額の算定にあたっては，「不動産鑑定評価基準」に基づくコスト・アプローチ，マーケット・アプローチ，インカム・アプローチなどによる算定を行うことになると考えられるが，その算定にあたっても開発事業におけるリスクを考慮する必要があると考えられる。

第7章

市街地再開発組合の会計・税務

本章のポイント

市街地再開発事業の施行主体は①個人施行者，②市街地再開発組合，③再開発会社，④地方公共団体，⑤機構等（独立行政法人都市再生機構および地方住宅供給公社）であるが，ここでは第一種市街地再開発事業の施行主体となる市街地再開発組合の会計・税務に係る諸制度を紹介する。一般の事業法人とは大きな相違があるため，留意されたい。

1 市街地再開発組合の会計（会計）

(1) 適用されるべき会計処理基準

市街地再開発組合は都市再開発法に基づき設立される法人であり，広義の公益法人に該当する。一般に公益法人というと，民法第34条によって設立された社団法人および財団法人のほか，特別法による学校法人，宗教法人，社会福祉法人等が挙げられる。これらの公益法人の会計処理基準については，公益法人の種類により様々なものがある。民法第34条の社団法人および財団法人には，「公益法人会計基準」，学校法人には「学校法人会計基準」，宗教法人には「宗教法人会計の指針」，社会福祉法人には「社会福祉法人会計基準」などが適用される。

「公益法人会計基準」は公益法人会計に関する一般的，標準的な基準を示したものであり，市街地再開発組合については特に準拠すべき会計基準が存在しないこともあるため，この「公益法人会計基準」に準拠して会計帳簿および計算書類を作成することになる。

公益法人会計は，公益法人の有する正味財産の増減を収益と費用によって総額表示するフロー式の正味財産増減計算と財産計算を行う会計である。市街地再開発組合は営利目的の経済主体ではないため，損益計算を主目的とする企業会計を適用することは適切ではないと考えられる。

(2) 公益法人会計基準

① 財務諸表の作成

「公益法人会計基準」は1978年４月の実施から，1985年９月の改正（1987年４月実施）を経て，2014年10月に全面的に再改正（以下「平成16年改正基準」という。）されたが，2016年５月の公益法人制度改革関連三法の成立に合わせて，平成16年改正基準の基本的な枠組みを維持しつつ新公益法人制度に対応した新会計基準が2018年４月に公表（以下「平成20年改正基準」という。）され現在に至っている。

平成20年改正基準で定義される財務諸表は貸借対照表，正味財産増減計算書およびキャッシュ・フロー計算書であるが，附属明細書および財産目録は会計基準に含めて規定を置いており，また平成16年改正基準以降，収支予算書および収支計算書は内部管理事項において内部管理上必要なものとして位置づけられている。ただし，キャッシュ・フロー計算書は会計監査人を設置する公益社団・財団法人に限定されること，附属明細書の記載項目は「有形固定資産及び無形固定資産の明細」および「引当金の明細」であることから，市街地再開発組合では，貸借対照表，正味財産増減計算書，財産目録，収支計算書および収支予算書を作成することが一般的と解される。

② 財務諸表の作成基準

公益法人会計基準では，以下の一般原則に従って財務諸表等を作成する必要がある。

> (i) 財務諸表は，資産，負債及び正味財産の状態並びに正味財産増減の状況に関する真実な内容を明りょうに表示するものでなければならない。
> (ii) 財務諸表は，正規の簿記の原則に従って正しく記帳された会計帳簿に基づいて作成しなければならない。
> (iii) 会計処理の原則及び手続並びに財務諸表の表示方法は，毎事業年度これを継続して適用し，みだりに変更してはならない。
> (iv) 重要性の乏しいものについては，会計処理の原則及び手続並びに財務諸表の表示方法の適用に際して，本来の厳密な方法によらず，他の簡便な方法によることができる。

市街地再開発組合の適切な運営にあたっては予算準拠主義に基づいた予算の編成，執行が重要であり，市街地再開発組合の設立時に作成する定款や経理処理規程等に従い，上記一般原則に則って財務諸表を作成することになる。

(3) 市街地再開発組合の決算

① 決算手続の流れ

決算手続とは，一事業年度中の正味財産の増減および財産の増減ならびに期末の財産の状況を明らかにするため，期末の帳簿記録を整理し，すべての帳簿を締め切り，財務諸表等を作成する一連の手続きをいう。

② 日々の会計業務と決算業務

日々の入金取引や支払取引が行われる都度，仕訳を作成し総勘定元帳に転記することになるが，この総勘定元帳への転記が正しく行われたかどうかを確かめることを主目的として作成するのが試算表である。試算表は通常毎月末に作成されるが，決算にあたっては必ず作成しなければならない。また，総勘定元帳の各勘定科目における取引銀行，取引相手先等別の内訳を照合するために現預金出納帳などの補助簿を必要に応じて作成する。

前記(2)①のとおり市街地再開発組合では決算において数多くの財務諸表等を

図表7－1　決算の手順

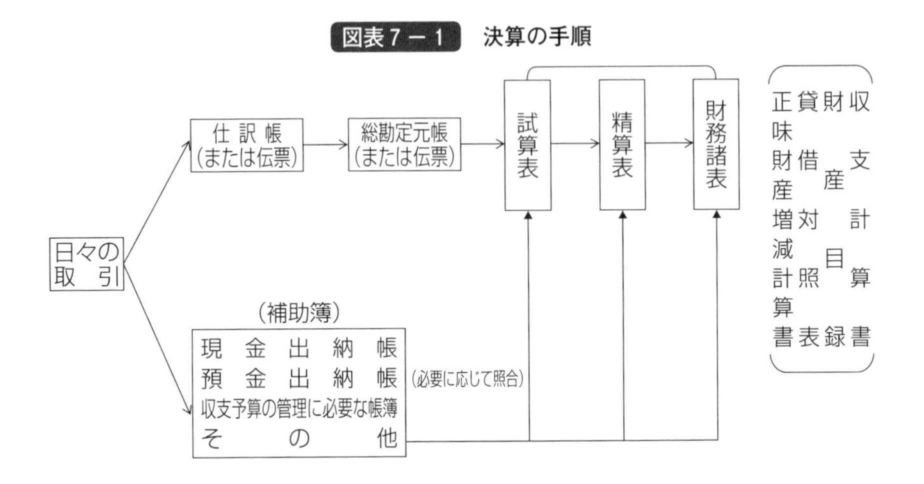

作成することが求められており，正確かつ迅速に作成することが課題となるため，記帳用意業務の効率化のためにも，市販の公益法人会計ソフトや企業会計型の会計ソフトの利用が不可欠であろう。

取引時の請求書，領収書等の各種証憑は，帳簿検査や将来の消費税還付時の税務当局対応のため，適切に保存することが必要となる。

決算時には，事業年度末までに未入金の補助金を未収入金として，未払となっている事業費や事務費を未払金として処理して，すべての帳簿を完成させ，財務諸表等を作成することになる。また，後記3(3)②で市街地再開発組合の消費税について解説しているが，将来的に市街地再開発組合で竣工事業年度に消費税の還付申告を予定している場合には，建築費等の事業費について建設仮勘定に集計しておくとよい。

③　市街地再開発組合で作成する財務諸表

前記(2)①のとおり市街地再開発組合では，主に貸借対照表，正味財産増減計算書，財産目録，収支計算書を作成することになるが，以下に各種財務諸表等で表示される勘定科目を列挙する。

図表7－2　勘定科目

【貸借対照表科目】

Ⅰ　資産の部
- 1．流動資産
  - 現金
  - 普通預金
  - 未収入金
  - 流動資産合計
- 2．固定資産
  - 建物
  - 建設仮勘定
  - 土地
  - 差入敷金
  - 固定資産合計
  - 資産合計

Ⅱ　負債の部
- 1．流動負債
  - 未払金
  - 預り金
  - 仮受金
  - 前受金
  - 流動負債合計
- 2．固定負債
  - 借入金
  - 固定負債合計
  - 負債合計

Ⅲ　正味財産の部
  - 一般正味財産
  - 正味財産合計
  - 負債及び正味財産合計

【収支計算書科目】

Ⅰ　事業活動収支の部
- 1．事業活動収入
  - 権利床清算徴収金
  - 参加組合員負担金
  - 保留床処分金
  - 補助金収入
  - 付帯収入
    - 受取利息収入
    - 雑収入
- 事業活動収入計
- 2．借入金収入
  - 借入金収入
- 借入金収入計
- 3．事業活動支出
  - 事業費支出
    - 事業計画作成費
    - 建築設計費
    - 土地整備費
    - 解体工事費
    - 工事費
    - 借入金利息
  - 事務費支出
    - 旅費交通費
    - 備品購入費
    - 専門家委託費
    - 事務所賃料
    - 雑費
  - 借入金償還金
    - 借入金償還金支出
  - その他の事業活動支出
    - その他の事業活動支出
- 事業活動支出計
    - 事業活動収支差額

Ⅱ　予備費支出
  - 当期収支差額
  - 前期繰越収支差額
  - 次期繰越収支差額

2 再開発会社の会計 (会計)

再開発会社の場合においても，規準を定め都道府県知事からの認可を受けることになるが，この規準では会計に関する事項も定められており，市街地再開発組合と同様に再開発事業につき予算決算に基づく収支計算書を作成することとなる。

また，施行者である法人の会計とは独立して行い，権利者が負担すべき事業費の受払いや保留床処分取引は実態に応じて適切に施行者の貸借対照表や損益計算書に反映させる必要がある。

3 市街地再開発組合の連結可否 (会計)

本章で述べる市街地再開発組合は，都市再開発法第８条にて法人である旨が定められており，組合参加者が事業会社の際は連結範囲が論点となる場合がある。

企業会計基準第22号「連結財務諸表に関する会計基準」第５項および第６項ならびに企業会計基準第16号「持分法に関する会計基準」第４－２項および第５項においても，子会社および関連会社の範囲を会社，組合その他これらに準ずる事業体（外国におけるこれらに相当するものを含む。）としている。

一方，「連結財務諸表における子会社及び関連会社の範囲の決定に関する監査上の留意点についてのQ&A（監査・保証実務委員会実務指針第88号）」Q12においては，「財団法人・社団法人などの公益法人は，収益事業を行っている場合もありますが，本来営利を目的とするものでないため，原則として，会社に準ずる事業体には該当しないものと考えられます。」とされ，公益法人はその範囲に原則として含まれないものとしている。

この点，市街地再開発組合は，本章で記載のとおり，営利目的の経済主体ではなく広義の公益法人に該当し，一般的に子会社および関連会社の範囲に含まれないと考えられる。

ただし，上記Q12に「原則として」とあるとおり，組合の定款における特別の定めや事業計画，参加組合員などの各要素から，実態に基づき会社に準ずる事業体に該当する可能性もあるため留意が必要である。

市街地再開発組合が会社に準ずる事業体に該当する場合は，「連結財務諸表に関する会計基準」等に従い支配力基準および影響力基準が適用されることになる。

市街地再開発組合の業務は理事により遂行（都再法27）されるが，その選任にあたっては組合員のうちから総会の選挙（都再法23，24）によるものとされ，また，組合員および総代は，定款に特別の定めがある場合を除き，各１個の議決権および選挙権を有するとされている（都再法37）。

このため，議決権の割合に応じてその支配力および影響力を検討することとなるが，５人以上で共同して設立される組合（都再法11②）において，組合員ごとに議決権および選挙権が与えられるため，開発用地を連結グループ各社が保有している場合の組合参加や定款における別段の定めがある場合などを除き，市街地再開発組合が子会社に該当するケースはあまり多くないものと考えられる。なお，５人が参加する組合にて１個の議決権を保有している場合，20％を保有するため関連会社に該当する可能性が残されるものの，組合にて損益が発生するケースは一般に想定されず，含める有用性に乏しいことからも上記Q12の理論も含めて該当する場面は限定的と考えられる。

4　市街地再開発組合の税務　税務

市街地再開発組合は，第一種市街地再開発事業を施行するために設立された特別目的の組合であり，一般の事業法人とは異なる税制が適用され，その事業遂行にあたっては，税制上の特例も設けられている。

(1) 法人税

① 法人税の非課税

法人税法上，市街地再開発組合は別表二に掲げる公益法人等に該当する。公益法人等は各事業年度の所得のうち収益事業から生じた所得以外の所得については，法人税（法人住民税，事業税も含む。）は非課税となる（法法２⑥，７，別表二①，地法23①，52①，72の５①）。

（注） 市街地再開発準備組合は人格のない社団等に該当するため，市街地再開発組合と同様に収益事業から生じた所得以外の所得につき，法人税は非課税となる（法法２⑧，７）。土地区画整理法に基づき設立された土地区画整理組合は別表一に掲げる公共法人であり，法人税の納税義務がない（法法２⑤，４②，別表一）。

② 公益法人等の収支計算書の提出制度

公益法人等は，収益事業を営むことによって確定申告書を提出する場合や各事業年度の収入金額の合計額が8,000万円未満である小規模法人を除いて，その事業年度の損益計算書または収支計算書を原則として，事業年度終了の日の翌日から４月以内に所轄税務署長に提出しなければならない（措法68の６，措令39の37②）。市街地再開発組合も，前記①のとおり，法人税法上，公益法人に該当するため当該制度の適用がある。

上記年間収入が8,000万円以下であるかどうかを判定する場合の収入金額は，事業年度ごとに計算した事業収入等の合計額によるものとされている。その際，土地建物などの資産売却により臨時的に発生する収入は8,000万円の判定に含める必要はない。また，前期繰越金収入，借入金収入，貸付金回収収入，各勘定振替収入なども公益法人等の実質収入ではないので，8,000万円の判定の収入金額に含まれない。

(2) 源泉所得税

所得税法上，市街地再開発組合は別表一に掲げる公共法人等に該当する。公共法人等が支払を受ける一定の利子，配当等については，所得税は非課税となる（所法11①，別表一）。しかし，市街地再開発準備組合にこの特例はない。

一方，報酬，料金などを支払う市街地再開発組合は源泉徴収義務者となるため，対象となる所得を支払うときに源泉所得税を徴収し，原則として支払った月の翌月10日までに納付する必要がある。

（注）　土地区画整理組合も別表一に掲げる公共法人等に該当する。

(3)　消費税

①　市街地再開発事業に係る消費税

市街地再開発事業に係る消費税の課税関係については，平成２年３月14日付け国税庁回答「市街地再開発事業に係る消費税の取扱いについて」（別紙参照）により明確化されており，図表７－３のとおりである。一般的な不動産売買取引に係る消費税の課税関係とは異なるため，市街地再開発組合の施行者は当然のこと，権利者も留意されたい。

図表７－３　市街地再開発事業に係る消費税の課税関係

事業	内容	課税関係
第一種市街地再開発事業	権利変換処分による権利床の処分（都再法87）	不課税
	地区外転出者の有する建築物に係る補償金（都再法91）	
	従前資産と従後資産の差額補填のための清算金（都再法104）	
	地方公共団体からの補助金（都再法120）	
	公共施設管理者負担金（工作物等に係る部分）（都再法121）	
	借家権価格の補償金（都再法71）	
	保留床（建物部分）の処分	課税
	参加組合員負担金（建物部分）	
	増床（建物部分）	
	保留床（土地部分）の処分	非課税
	参加組合員負担金（土地部分）	
	増床（土地部分）	

第二種市街地再開発事業	管理処分による権利床（建物部分）の処分	課税
	保留床（建物部分）の処分	
	公共施設管理者負担金（都再法121）	
	管理処分による権利床（土地部分）の処分	非課税
	保留床（土地部分）の処分	

② 市街地再開発組合の消費税

市街地再開発組合は，消費税法上の事業者となるため，基準期間（2事業年度前）における課税売上高が1,000万円以上となった場合には，消費税の納税義務が生じる。一般的には施設建築物の竣工後に保留床処分や参加組合員への床処分が実施され，その後速やかに市街地再開発組合は清算されることから建築中の事業年度において課税売上げが発生することはないため，市街地再開発組合の設立から清算結了までの事業年度において消費税の納税義務が生ずることはない。一方，事業費のうち建築代金，設計費用，その他諸々の施設建築物の建築に要する費用については，その支払時に消費税を上乗せして支払うことになるが，この支払消費税については，市街地再開発組合における竣工事業年度において，消費税の課税事業者を選択することで消費税の申告により還付を受けることが可能なケースもある。

市街地再開発組合の消費税申告にあたっては，前掲図表7－3のとおり，保留床処分においては，土地は非課税売上げ，建物は課税売上げとなること，一方，建築費用に係る消費税は課税売上対応課税仕入消費税となる保留床分と共通対応課税仕入消費税となる権利床分に区分経理した上で，前者はその全額が仕入税額控除可能となるが，後者は課税売上割合相当が仕入税額控除対象となる。あわせて，地方公共団体からの補助金を受領する場合には，消費税法上このような対価性のない収入については特定収入に区分され，特定収入より賄われる課税仕入れについては仕入税額控除から除外するような調整計算が必要になることもあるため，詳細な検討が必要となる。

⑷　登録免許税

登録免許税は，登記，登録，特許，許認可，指定および技能証明について課される国税であり，納付の義務は登記等を受ける者が負う。ただし，都市再開発法に規定する市街地再開発事業のため必要な土地または建物に関する登記で参加組合員の保留床の取得や施工者が行う保留床の処分に係る登記以外は非課税となる（登免法５⑦，登免令４①)。

⑸　印紙税

印紙税法上，市街地再開発組合は別表二に掲げる非課税法人に該当するため印紙税は非課税となる。しかし，市街地再開発準備組合や個人施行の場合にはこの特例の適用はないため，印紙の貼付もれには留意が必要である。

⑹　不動産取得税

不動産取得税は，土地，建物を取得した場合，その不動産の価格を課税標準として課税される地方税である。権利変換により組合員，参加組合員が権利床，保留床として取得する施設建築物および施設建築敷地は，組合員，参加組合員が原始取得者となるため，組合に課税関係が生じることはない（地法73の２②)。

市街地再開発組合が事業の施行に伴い取得した施設建築敷地または施設建築物を取得の日から敷地の取得にあっては３年，施設建築物の取得にあっては６か月以内に参加組合員以外の組合員に譲渡したときは不動産取得税は免除される（地法73の27の４)。

第8章
土地区画整理事業の会計・税務

本章のポイント

土地区画整理事業における仮換地指定時，換地処分時，補償金受領時の会計処理および税務処理を解説する。

1 土地区画整理事業とは

土地区画整理事業は，一定の区域を定めて道路，公園，河川等の公共施設を整備・改善し，換地処分という手法により土地の区画を整え宅地の利用の増進を図る事業である。公共施設が不十分な区域では，地権者からその権利に応じて少しずつ土地を提供してもらい（減歩），この換地しない土地を道路・公園などの公共用地が増える分に充てるほか，保留地としてその一部を売却し事業資金の一部に充てる（区画法96）。

事業資金は，保留地処分金のほか，公共側から支出される都市計画道路や公共施設等の整備費（用地費分を含む。）に相当する資金から構成される。これらの資金を財源に，公共施設の工事，宅地の整地，家屋の移転補償等が行われる。地権者においては，土地区画整理事業後の宅地の面積は従前に比べ小さくなるものの，都市計画道路や公園等の公共施設が整備され，土地の区画が整うことにより，利用価値の高い宅地が得られるというメリットがある。

図表8－1　土地区画整理事業の概要

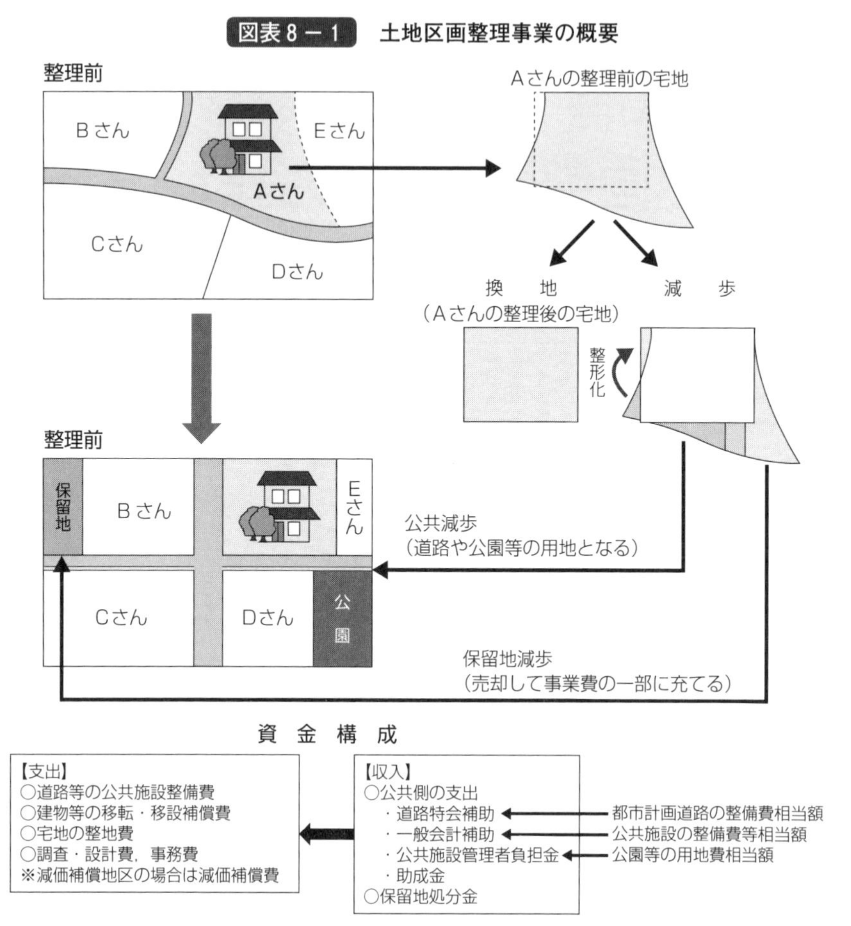

地権者は減歩により都市計画道路や公園等の用地を負担します。一方で，道路特会補助等の公共側の支出のうち，都市計画道路等の用地費に相当する資金は，宅地の整地費等に充てられ，地権者に還元されます。

（出所）　国土交通省

2　土地区画整理事業のスケジュール

土地区画整理事業の一般的なスケジュールは図表8－2のとおりであり，本章では土地区画整理事業の権利者に係る税制優遇特例措置の紹介ならびに仮換

図表8－2　土地区画整理事業の一般的なスケジュール

①企画・調査	②都市計画	③事業計画	③換地設計～処分	④清算
まちづくり構想 関係機関との協議	都市計画手続開始 都市計画決定	土地区画整理組合設立 定款・事業計画の決定 総会の設置	換地設計 仮換地指定 移転・補償 工事 換地処分	清算金の徴収・交付

（出所）　公益社団法人街づくり区画整理協会ホームページを参考に筆者作成

地指定時，換地処分時および補償金受領時における会計処理および課税上の取扱いを解説する。

3　仮換地指定と換地処分　会計　税務

(1)　仮換地指定とは

仮換地指定とは，施行者が，換地処分を行う前において，土地の区画形質の変更もしくは公共施設の新設もしくは変更に係る工事のため，従前の宅地に代えて，将来新たに使用することのできる宅地を指定すること（区画法98）をいう。

また，仮換地指定の効果として，従前の宅地の権利者は，従前の宅地については使用・収益ができなくなるが，仮換地の指定の効力発生の日から換地処分の公告がある日まで，仮換地の目的となるべき宅地もしくはその部分について，従前の宅地について有する権利と同様の使用または収益をすることができる（区画法99）。なお，仮換地指定がなされても，従前の宅地の所有権を失うわけではないため，自由に処分（第三者へ譲渡等）することは可能である。

(2)　換地処分とは

換地処分とは，従前の宅地について所有権その他の権利を有する者に対し，従前の宅地に代え，換地計画で定められた宅地を割り当てることをいう。換地処分は，換地計画に係る区域の全部について土地区画整理事業の工事が完了した後において，遅滞なく行わなければならない（区画法103②）。

(3) 仮換地指定時と換地処分時の権利関係

土地区画整理事業の各フェーズにおける権利関係を整理すると以下のとおりである（図表８－３参照）。

① 区画整理前

従前の宅地Aには所有権と使用収益権がある。

② 区画整理中

仮換地指定により，仮換地Bには使用収益権のみが移り，所有権はAに残る。

③ 区画整理後

換地処分により，換地Cに所有権が移り，所有権と使用収益権が一体となる。

(4) 土地区画整理事業の権利者に係る税制上の優遇特例措置

土地区画整理事業の権利者には様々な税制上の優遇特例措置が設けられている。本書においては，仮換地指定時と換地処分時における主な優遇特例措置を紹介する。

① 仮換地指定時

(i) 仮換地指定に係る土地等を譲渡した場合における特定の事業用資産の買換え（交換）の特例（措法65の７）

仮換地指定に係る土地等については，権利者は引き続き従前地の所有権を保有しているため，譲渡することは自由である。したがって，仮換地後の場所で事業を継続することが困難な場合には，従前地を譲渡して移転することがある。

図表8－3　仮換地指定時と換地処分時の権利関係

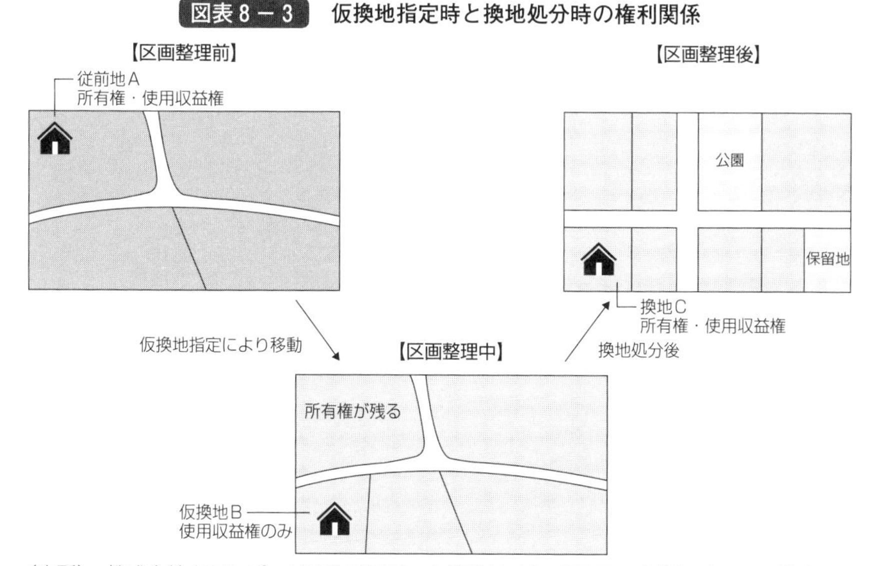

（出所）株式会社クランピーリアルエステート運営サイトイエコン（URL：https://iekon.jp/kukakuseirichi-baikyaku/）

この場合において譲渡により譲渡益が発生しているときは，原則として譲渡日の属する事業年度において法人税の課税の対象となり，当該譲渡が特定の事業用資産の買換特例（措法65の７）の要件をすべて満たす場合は，圧縮記帳による優遇税制の適用を受けることができる。

なお，当該圧縮記帳の規定の適用を受ける場合は，換地処分の日の属する事業年度の法人税申告書に，当該圧縮記帳の規定の適用を受ける旨を記載した明細書（別表十三(五)「特定の資産の買換えにより取得した資産の圧縮記帳等の損金算入に関する明細書」）を添付しなければならない。

(ii)　仮換地および保留地予定地に係る固定資産税の課税対象者の特例

固定資産税は，原則として毎年１月１日に土地登記簿または土地補充課税台帳に所有者として登記または登録されている者に課税されるが，土地区画整理事業区域内で仮換地等の使用収益が開始された土地については，対応する従前地の納税義務者（保留地については使用者）を所有者とみなして課税することができ，これを「みなす課税」制度という。これは土地区画整理事業中は，仮換地先を使用収益できる日から事業完了まで，登記とは異なる場所，面積の土地を使用することとなり，使用実態に即した固定資産税の課税を実施するための制度である。

(iii) 仮換地の指定に伴う減歩負担土地に係る固定資産税の減免措置

仮換地の指定の前後において公共の用に供する目的で土地の減歩を負担した土地については，土地登記簿に記載されている地積で固定資産税を課すことは適当ではないため，減歩負担土地の地積に相当する土地に対しては固定資産税を減免することができる。

② 換地処分時

(i) 換地処分による従前地の譲渡についての譲渡所得に係る所得税等の課税の特例

換地処分において，換地Bの時価が従前地Aの帳簿価額を上回るときは譲渡益が発生するため，原則として換地処分期日の属する事業年度において法人税の課税の対象となるが，一定の要件のもと，圧縮記帳を行うことが認められている。すべての要件を満たす場合において，換地の価額から従前の換地処分直前の帳簿価額を控除した金額を損金経理により減額したときは，その減額した金額に相当する金額は，当該事業年度の所得の金額の計算上，損金の額に算入する（措法65①三）。なお，譲渡直前の帳簿価額については，交換取得資産とともに補償金等を取得したときは当該金額は控除され，また，換地処分等により譲渡した資産の譲渡に要した経費があるときは帳簿価額に加算する（措法65②）。

当該圧縮記帳の規定の適用を受けるときは，換地処分の日の属する事業年度の法人税申告書に，当該圧縮記帳の規定の適用を受ける旨を記載した明細書（別表十三(四)「収用等に伴い取得した資産の圧縮額等の損金算入に関する明細書」）を添付しなければならない。

(ii) 換地処分による換地の取得および施行者の保留地取得にかかる不動産取得税の非課税

土地区画整理事業による権利者による換地の取得は形式的な取得であるため不動産取得税は課されない。また，施行者が換地処分公告後に取得した保留地についても不動産取得税は課されない。

(iii) 換地処分の公告日以後，換地処分の登記があった日までの間における換地または保留地を取得した者に対する固定資産税の「みなす課税」

換地処分後，換地または保留地を取得した者が土地登記簿にその所有者として登記されるまでの間は，これらの土地の所有者とみなして固定資産税を課すことができる。

(iv) 土地区画整理事業の施行のために必要な土地または建物に関する登記に係る登録免許税の非課税

土地区画整理事業の施行者が事業施行のために行う換地処分に伴う登記に係る登録免許税は非課税となる。また，権利者が地番変更で行う登記も登録免許税は非課税である。一方，施行者が取得した保留地の処分や参加組合員の土地取得に係る登記は課税される。

(5) 仮換地指定時と換地処分時の会計処理

① 土地の会計処理

換地処分による換地の取得では，従前の宅地と引換えに換地を取得することから，会計上は交換取引となる。

交換取引により取得した土地の取得原価は，「圧縮記帳に関する監査上の取扱い（監査第一委員会報告第43号）」において，以下が示されており，いずれとするかは交換取引の実態に応じて各企業が判断するとしている。従前の宅地と引換えに換地を取得するため，投資が継続していると考えられる場合が多く，通常，その場合には簿価が引き継がれることになる。そして，交換により従前の宅地と同一種類，同一用途の土地を取得した場合の圧縮記帳[1]の直接減額方式を監査上，妥当なものとして取り扱うとしている。

(i) 従前の宅地の帳簿価額により測定する方法

(ii) 従前の宅地または換地の公正な市場価格により測定する方法

【仕訳例】

(i) 換地処分により従前の宅地と同一種類，同一用途の換地を取得し，その取得価額を従前の宅地の帳簿価額とする場合

- 従前の宅地の簿価100
- 換地の時価：土地建物150

(仮換地指定時)

仕訳なし

(換地処分時)

(借)	土地(換地)	100	(貸)	土地 (従前の宅地)	100

(ii) 換地処分により取得した換地が従前の宅地と同一種類，同一用途とは認められない場合

(仮換地指定時)

仕訳なし

1　法人税法上は、上記(4)②(i)を参照のこと。

（換地処分時）

（借）	土地（換地）	150	（貸）	土地 （従前の宅地）	100
				交換益	50

②　建物の会計処理

土地区画整理事業において，仮換地指定を受けたことにより，所有者は既存建物や工作物等の移転または除却を行う場合がある。既存建物等の移転，除却，新設は，施行者ではなく所有者自らが行う必要があり，以下の論点がある。

(i)　既存建物の簿価の処理

(ii)　既存建物の解体費の処理

(iii)　既存建物のテナント等への立退料の処理

なお，解体予定の古建物付き土地を取得した場合には，更地での利用が目的であるため，建物簿価，解体費および立退料は土地の取得原価を構成すると考えられる。以下では，従前より保有していた既存建物について解説する。

(i)　既存建物の簿価の処理

会社が建物の除却および新設を行う場合，新建物への新たな投資を行う一方，既存建物の投資の終了を伴うため，既存建物の簿価の処理が論点となる。具体的には，まず，固定資産の減損の判定を行い，その後，耐用年数の見直しを行う。

(a)　固定資産の減損会計

ア．固定資産の減損の兆候の有無の把握

土地の仮換地指定をされることにより，既存建物の使用範囲または方法について回収可能価額を著しく低下させる変化（著しく早期の除却や売却（減損適用指針第13項(2)）により，減損の兆候が生じている可能性がある。兆候の有無の把握では，実際に変化が生じた場合のみならず，変化が生ずる見込みである場合も該当する（減損適用指針第82項）。仮換地に指定された時点で，減損の兆候に該当する事象の有無を把握する必要がある点に留意する。

イ．キャッシュ・フローの見積り

減損の兆候に該当する場合には，減損の認識の判定および測定において，合理的な建設計画や使用計画を十分に考慮して資産グループにおける将来キャッシュ・フローを見積もる必要がある。

新建物が既存建物を代替し，既存建物と新建物は１つの資産グループとしてキャッシュ・フローの見積りを行う場合がある。その場合，解体工事や新建物取得に対する支出を控除後の将来キャッシュ・フローが土地と既存建物の簿価を上回る場合には減損損失は認識しないと考えられる。

他方，将来キャッシュ・フローの見積りにおいて，減損適用指針第８項は，資産の処分や事業の廃止に関する意思決定があった場合のグルーピングの考え方として「その代替的な投資も予定されていないときなど，これらに係る資産を切り離しても他の資産又は資産グループの使用にほとんど影響を与えない場合がある」とし，「このような場合に該当する資産のうち重要なものは，他の資産または資産グループのキャッシュ・フローから概ね独立したキャッシュ・フローを生み出す最小の単位として取り扱う」としている。

土地の換地における建物の除却および新設において，「その代替的な投資も予定されていないとき」としては，例えば，会社が保有する複数の不動産を一体で建て替えて物理的にも経済的にも異なる不動産となるような場合が考えられる。このような場合，既存建物は切り離され，キャッシュ・フローを生み出す最小の単位として扱われ，除却までの将来キャッシュ・フローに基づき減損の認識の判定を行うと考えられる。

(b) 耐用年数の変更

移転や除却の決定により，耐用年数が著しく不合理になった場合，減損の認識の判定後，減損損失の計上の有無にかかわらず，耐用年数の短縮を検討することが必要となる（減損適用指針第86項）。

耐用年数は会計上の見積りとされ，従来の耐用年数から実際の耐用年数が乖離している場合には適切に見直す必要がある（過年度遡及会計基準第40項）。

⒞　法人税法上の処理

法人がその有する建物，構築物等でまだ使用に耐え得るものを取り壊し，新たにこれに代わる建物，構築物等を取得した場合には，土地とともに取得した建物等の取得費等（法基通７－３－６）に該当する場合を除き，その取り壊した資産の取壊し直前の帳簿価額は，その取り壊した日の属する事業年度の損金の額に算入する（法基通７－７－１）。

ⅱ　既存建物の解体費の処理

解体工事の流れは，解体の意思決定，建物取壊しに関する請負契約の締結，解体工事の着工，解体工事の実施，土地保有者への引渡しという過程を経る。

この流れの中で，会計上，解体費をいつ認識するかが問題となる。この点，一般的には，解体費は，建物の解体工事役務の提供に伴い発生するものであるため，解体工事役務の完了時点で費用として計上するものと考えられる。ただし，例えば，単独の不動産事業を清算し，新たに複数の地権者と一体で再開発を行うというような場合には，引当金の要件に照らして，過去の清算のための損失を計上することが，財務諸表利用者にとって適切である場合があることに留意が必要である。

法人税法上は，解体工事費は解体工事の完了をもって債務確定となり，当該時点で損金となる。したがって，期末時点で解体工事が完了していない場合には，工事費の損金算入は認められない。

ⅲ　既存建物のテナント等への立退料の処理

立退料の性質としては，賃借人の移転費用の補償，賃借人の事業再開までの休業期間中の利益の補償，利用権の補償（借家権）の３点がある。

既存建物のテナント等の立退料は，既存建物の除去に必要な支出であり，通常は，立退料支払いの合意形成時に発生し，当該時点で費用として認識すると考えられる。また，法人税法上も会計と同様の取扱いとすることで問題ない。

4 補償金 会計 税務

(1) 受領する補償金

土地区画整理事業において，従前の宅地の所有者が受領する補償金としては種々のものがあり，建物移転補償金，工作物移転補償金，家賃減収補償金，営業補償金，減価補償金（宅地の価額の総額が従前よりも減少した場合において受領する補償金（区画法109））などが挙げられる。なお，建物移転料は，既存建物の経過年数等を考慮の上で算定され，新築建物価格が補償されるわけではない点に留意が必要である。

(2) 受領する補償金の会計処理

受領する補償金は，一括で計上する場合やその実態を踏まえて会計処理する場合がある。実態を踏まえて会計処理する場合には例えば以下がある。

区画整理期間中の営業補償や家賃の減収補償であれば，区画整理期間に応じて収益認識することが考えられる。また，建物移転補償は移転に伴う損失を補償するものであり，当該費用の発生に応じて収益認識することが考えられる。さらに，宅地の価額の総額が従前よりも減少した場合において受領する減価補償金であれば，受領した時点で一括して収益として認識することが考えられる。なお，各補償金の実態によっては費用戻入れを行う場合もあると考えられる。

【仕訳例】

① 営業補償金を100受領した。区画整理期間は４年間である。

（補償金受領時）

（借）	現金預金	100	（貸）	前受収益	100

（各期末）

（借）前受収益	25	（貸）補償金収入	25

②　減価補償金を70受領した。区画整理期間は４年間である。

（補償金受領時）

（借）現金預金	70	（貸）補償金収入	70

（各期末）

仕訳なし

(3)　受領する補償金の課税上の取扱い

①　仮換地指定時等（移転等に伴う損失補償）

土地区画整理事業の施行に伴い仮換地指定時，従前地の使用収益が停止された時などに従前地に存する建築物その他の工作物または竹林土石等を必要に応じて移転または除却し，従前地の所有者が損失を受けた場合には，施行者は通常生ずべき損失を補償しなければならず（区画法78），その支払われる補償金は，様々な名義や内容の補償金等が挙げられるが，対価補償金に限り，代替資産取得の特例または5,000万円の特別控除の適用がある。したがって，各種補償金は対価補償金，収益補償金，経費補償金，移転補償金，その他対価補償金たる実質を有しない補償金に分類する必要がある（措通64(2)－１）。分類した補償金の課税上の取扱いは，第４章⑩(1)と同様である。

また，補償金の種別ごとの分類および収入計上時期も第４章⑩と基本的に変わりないが，主な種別としては図表８－４のとおりである。

②　換地処分時

換地処分により土地区画整理法第94条の規定による清算金を取得するときは，代替資産取得の特例または5,000万円の特別控除の適用がある（措法64，65の２）。

図表8－4　補償金の種別

補償金の種別	内容	分類	収用等の課税特例に該当するもの
建物移転料	建物等の移転費用	移転補償金	－
		対価補償金(※1)	◎
工作物移転料	工作物等の移転費用	移転補償金	－
		対価補償金(※1)	◎
竹木土石等移転料	樹木の移植，庭石等の移転費用	移転補償金	－
		対価補償金(※2)	△
動産移転料	動産等の移転費用	移転補償金	－
仮住居補償	移転期間中の仮住居費用等	移転補償金	－
借家人補償	転居先の家屋賃借のための権利金等	対価補償金	◎
家賃減収補償	移転期間中の家賃の減収補償金	収益補償金	－
移転雑費	移転に伴う諸雑費	移転補償金	－
営業補償（営業休止）	休止期間中の収益減の補償	収益補償金	－
	経費補償（休業手当，固定的経費）	経費補償金	－
営業補償（仮営業）	仮店舗等の設置および借入に要する費用	経費補償金	－
農業補償	農業休止期間中の収益減補償金	収益補償金	－

（※1）　建物等の取壊し，除却等をした場合は，対価補償金として収用等による課税の特例を受けることができる。

（※2）　樹木の伐採等をした場合は，対価補償金として収用等による課税の特例を受けられる場合がある。

（出所）　東京都都市整備局ホームページをもとに筆者作成

ただし，従前地の所有者の申出または同意により換地を定めない場合（区画法90）に交付される清算金は譲渡による所得等の強制的な実現ではないことから，この特例が適用されないため留意が必要である。

また，土地区画整理法第109条の規定による減価補償金（前述⑴参照）は，この特例の対象となる清算金に含まれる（所基通33－20）。

第9章

第一種市街地再開発事業における権利変換のための従前資産と従後資産の評価

本章のポイント

第一種市街地再開発事業においては，基本計画作成段階から権利変換計画作成段階までの間に，通常，複数回にわたり従前資産および従後資産の評価が行われる。基本計画作成段階における評価は事業の採算性の概要の把握や資金計画案の作成を主な目的とし，権利変換計画作成段階における評価では，従前資産に見合う従後資産の配分を決定するためにより精緻な評価が行われることが多い。本章では，第一種市街地再開発事業における従前資産および従後資産の一般的な評価方法について説明する。

1 従前資産の評価

(1) 従前資産評価の基本的な事項

従前資産の評価は，土地調書・物件調書に基づいて行われる。土地調書・物件調書は，都市再開発法第68条に基づいて土地所有者ごとに作成され，所在，土地および建物の数量，所有者の氏名および住所のほか，土地所有者以外の関係権利者の氏名および住所等が記載される。その様式については図表9－1，9－2を参照されたい。権利変換計画の前提となる従前資産の物的確定および権利関係の確定は，この土地調書・物件調書の作成を通じて行われる。

また，都市再開発事業においては，上記のとおり確定された従前資産について，都市再開発法第80条に基づき，事業認可の公告のあった日から31日目を評価基準日としてその価額を算定することとされている。

図表9－1　土地調書

様式第三（第二十三条関係）

土　地　調　書

1　施行者の名称及び事業所の所在
2　市街地再開発事業の名称
3　施行地区（施行地区を工区に分けるときは，施行地区及び工区）
4　都市再開発法第60条第２項の公告の年月日
5　土地所有者の氏名及び住所
6　土地所有者以外の関係権利者の氏名及び住所
7　土地の所在

地番	地目	登記簿上の地積	実測面積	施行地区内の各個の土地の面積	所有者以外の権利の種類及び内容	権利者の氏名	実地の状況

上記のとおり，都市再開発法第68条第１項の規定によって土地調書を作成する。
年　　月　　日
施行者　名　　　称　　　　　　　印
立会人　身分及び氏名　　　　　　印

備考
1　土地調書は，土地所有者ごとに作成すること。
2　「立会人」の身分については，「土地所有者」，「土地所有者以外の関係権利者」，「市町村職員」等の如く記載すること。
3　土地調書の記載事項に異議のある土地所有者又は土地所有者以外の関係権利者は，その意義を記載して署名押印すること。
4　都市再開発法第68条第２項において準用する土地収用法第36条第４項又は第５項の規定によって立ち会った立会人は，その理由を記載して署名押印すること。
5　添附すべき実測平面図は，縮尺100分の１から1,000分の１程度までのものとし，施行地区内の各個の土地は薄い赤色で着色すること。
6　法人の場合においては，氏名又は住所は，それぞれの法人の名称又は主たる事務所の所在地を記載すること。
7　施行地区内の特定仮換地に対応する各個の宅地について記載するときは，「地番」欄には当該宅地についての特定仮換地の番号及び特定仮換地が指定されている旨を，「施行地区内の各個の土地の面積」欄には当該宅地についての特定仮換地の面積を付記すること。

図表9－2　物件調書

様式第四（第二十三条関係）

物　件　調　書

1　施行者の名称及び事務所の所在地
2　市街地再開発事業の名称
3　施行地区（施行地区を工区に分けるときは，施行地区及び工区）
4　都市再開発法第60条第２項の公告の年月日
5　土地所有者の氏名及び住所
6　土地所有者以外の関係権利者の氏名及び住所
7　物件がある土地の所在

地番	地目	物件の番号	物件の種類（大きさを含む）	数量	物件の所有者の氏名	所有権以外の権利の種類及び内容	所有者以外の権利者の氏名	実地の状況

上記のとおり，都市再開発法第68条第１項の規定によって物件調書を作成する。
　　年　　月　　日
施行者　名　　　称　　　　　　　　　　印
立会人　身分及び氏名　　　　　　　　　印

備考
1　物件調書は，土地所有者ごとに作成すること。
2「立会人」の身分については，「物件の所有者」，「賃借権者」，「市町村職員」等の如く記載すること。
3　物件調書の記載事項に異議のある土地所有者又は土地所有者以外の関係権利者は，その異議を記載して署名押印すること。
4　都市再開発法第68条第２項において準用する土地収用法第36条第４項又は第５項の規定によって立ち会った立会人は，その理由を記載して署名押印すること。
5　都市再開発法第68条第２項において準用する土地収用法第37条第３項の規定による実測平面図は，縮尺50分の１から500分の１までのものとし，建物の耐用年数，利用の現況等をあわせて記載すること。
6　法人の場合においては，氏名又は住所は，それぞれの法人の名称又は主たる事務所の所在地を記載すること。
7　施行地区内の特定仮換地に存する物件のうち土地区画整理事業の施行に伴い当該特定仮換地から移転し，又は除去すべきもの以外のものについて記載するときは，「土地所有者の氏名及び住所」には当該特定仮換地に対応する従前の宅地の所有者の氏名及び住所を記載し，「地番」欄又は「地目」欄には，当該特定仮換地に対応する従前の宅地の地番又は地目を記載するとともに，「地番」欄には当該特定仮換地の番号及び当該物件が当該特定仮換地にある旨を付記すること。

(2) 従前資産の評価方法

① 土地の評価

従前資産の評価は，都市再開発法第80条において「近傍類似の土地，近傍同種の建築物又は近傍類似の土地若しくは近傍同種の建築物に関する同種の権利の取引価格等を考慮して定める相当の価額とする」とされており，不動産鑑定評価基準に基づく不動産鑑定評価額である必要性は明記されていない。

しかし，施行者・権利者以外の第三者による客観的かつ公正妥当な評価が要請されることから，実務上，土地の評価は不動産鑑定士が算定した不動産鑑定評価額を採用することが通例となっている。

従前資産の土地は，土地上に建物が存している場合でも，建付地ではなく更

図表９－３　土地の評価方法

	概　要	長所・短所
路線価式評価法	• 施行区域内の道路に路線価を設定。 • 設定した路線価を基礎に，各画地の個別的要因を考慮して，各画地の評価額を決定。	• 簡便であり，多数の画地評価を統一的に行うことが可能。 • 各道路の路線価が公表されるため，わかりやすく，公平感がある。 • 統一的な処理が可能である一方で，各画地の個別的要因の反映が不十分な評価となるおそれがある。
標準画地比較法	• 区域内の近隣地域（用途的に類似性が認められる地域）ごとに標準画地（近隣地域内において，規模・形状等の個別的要因が標準的と認められる画地であり，想定の画地でもよい）を設定し，価格（標準価格）を算定。 • 標準画地と比較した各画地の個別的要因を考慮して，各画地の評価額を算定。	• 標準画地の個別的要因が明示されるため，標準画地と比較した各画地の個別格差が明確である。 • 近隣地域ごとに設定した各標準画地の価格バランスがわからないため，地権者に不公平感を与えるおそれがある。

地として評価する。具体的な評価方法については，図表9－3の「路線価式評価法」や「標準画地比較法」など複数の手法が存在するが，実務上，標準画地比較法（計算例については図表9－4参照）が採用される場合が多い。

標準画地比較法における標準画地の価格（標準価格）を算定するにあたって，不動産鑑定評価基準では，原価法，取引事例比較法および収益還元法を適用することとされている。

実務上は，周辺の取引価格水準を参考として市場性に着目した取引事例比較法，および更地上に想定した収益物件の収益性に着目した収益還元法を併用し，両手法によって算定された価格を対象不動産の特性を踏まえて比較検討し，標準画地の価格を決定する場合が多い。

図表9－4　標準画地比較法のイメージ図および計算例

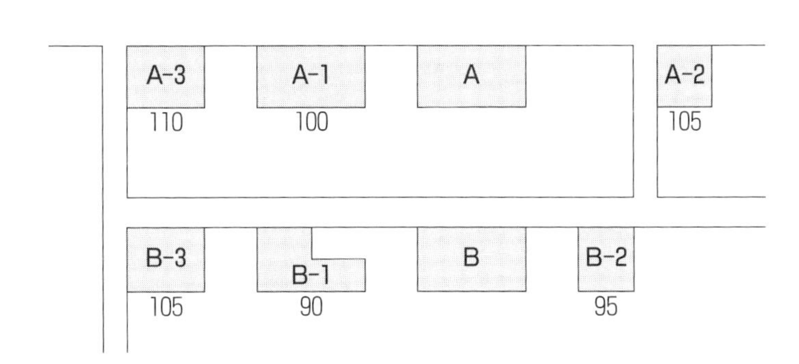

標準画地	地番	標準価格	格差率	地積	従前土地価格
A	A-1	600,000円/m^2	100	100m^2	60,000,000円
	A-2		105	80m^2	50,400,000円
	A-3		110	90m^2	59,400,000円
B	B-1	500,000円/m^2	90	80m^2	36,000,000円
	B-2		95	75m^2	35,625,000円
	B-3		105	90m^2	47,250,000円

例えば，住宅地域などエンドユーザーによる需要が主であるエリアにおいては取引事例比較法により算定された価格を重視して標準画地の価格を決定し，商業地など建物賃貸需要が旺盛であるエリアにおいては収益還元法による価格を重視して標準画地の価格を定める。

② 借地権の評価

都市再開発事業において，事業用地に借地が含まれるケースは多く，借地権の評価は権利関係の評価において大きなポイントになる。借地権の価格は，従前資産である土地の評価額に対して適用される底地と借地の価値配分割合を，借地権者および底地権者の当事者双方の合意により決定したうえで算定される。当事者双方では合意に至らない場合には不動産鑑定評価によることになるが，不動産鑑定評価では，借地権の価格の算定には図表９－５の手法が用いられる。

上記各手法のうち実務上は割合法が採用されることが多く，借地権割合の査定にあたっては，国税庁・財産評価基準書の路線価図等を参考に地域における標準的な借地権割合を求め，建物の構造（堅固建物か非堅固建物か等）や更地価格に対する一時金の割合，地代水準等を考慮したうえで決定される。

図表９－５　借地権の価格の算定手法

手　法	概　　要
取引事例比較法	類似する借地権取引の価格に補修正を行う。
収益還元法（借地権残余法）	借地上に想定した賃貸建物から得られる収益のうち，土地に帰属する収益を還元利回りで除する。
賃料差額還元法	一般的に正常と認められる地代から現行地代を減じた賃料差額を還元利回りで除する。
控除法	更地価格から底地価格を控除する。
割合法	更地価格に借地権割合を乗じる。

③　建物の評価

建物の評価額は，都市再開発法第80条において「近傍同種の建築物の取引価格等を考慮して定める相当の価額とする」とされており，実務上は国土交通省公表の「公共用地の取得に伴う損失補償基準」を準用し，不動産鑑定評価基準における原価法と同様，「推定再建築費×現価率」によって算定される場合が多い。

ただし，都市再開発事業における建物評価は，実務上，主に以下の２点について不動産鑑定評価に基づく建物評価と相違する場合がある点に留意が必要である。

- 老朽化した木造建築物など，一般的に不動産としての市場価値が乏しい建物が存する場合，不動産鑑定評価においては建物価値を認めない，あるいは建物の取壊費用を土地の評価額から減じるが，都市再開発事業においては，こうした建物にも経済価値を認めることが多い。
- 不動産鑑定評価においては，建物に対して，一般的な取引市場において経済価値が認められないほどの過度な投資が行われている場合，通常その費用は評価額に反映されない。しかし，都市再開発事業においては，投下資本が経済価値を形成するか否かにかかわらず補償の対象とし，推定再建築費に計上されることがある。

④　借家権の評価

都市再開発事業の施行地区内の建物に賃借権を有する者は，従後建物への再入居または地区外への移転を選択することができる。再入居を希望する場合には，都市再開発法第77条に基づき，賃貸人が権利床を取得するか否かにかかわらず，再開発後に建築された建物において賃借権を取得する。一方で，借家人が地区外への移転を希望し，借家権の価値が認められる場合には，借家権価格に基づき補償が行われる。

不動産鑑定評価では，借家権価格の算定には図表９－６の手法が用いられる。

図表9－6　借家権価格の算定方法

方　式	概　　要
比準方式	類似する借家権取引の価格に補修正を行う。
割合方式	（土地価格×借地権割合＋建物価格）×借家権割合
控除方式	土地および建物の完全所有権価格から，貸家およびその敷地の価格を控除する。
賃料差額方式	一般的に正常と認められる賃料から現行賃料を減じた賃料差額を還元利回りで除する。
損失補償基準に準じる方法	公共用地の取得に伴う損失補償基準を参考に，個別の調整を行う。

実際の市場においては借家権取引は非常に限定的で，財産権としてはほとんど取引市場が形成されていないことから，都市再開発事業において借家権に価値が認められることは稀であり，借家権価格に基づく補償が行われることも少ない。

ただし，借家権に価値が認められない場合でも，別途，借家人に対する補償（通損補償）が必要となるケースもあるため，建物の用途や構造，賃貸借契約の経過年数，現行賃料および造作の状態等に応じて，個別に検討を加えることが必要となる。

(3)　91条補償と97条補償

都市再開発事業において，従前資産の権利関係者に対して支払われる補償は，都市再開発法第91条に定める「91条補償」（土地等の財産権に対する補償）と都市再開発法第97条に定める「97条補償」（土地等の財産権以外に生じる損失に対する補償）がある。

図表９－７　91条補償と97条補償

	補償の内容
91条補償	従前資産の権利者が，権利変換を希望せずに地区外に移転する場合に支払われる補償。補償額は従前資産の評価額により決定する。
97条補償	従前資産の権利者が，権利変換期日以降に土地建物等を明け渡すことに伴って生じる損失の補償（通損補償）。補償項目は建物，工作物等の移転補償のほか，移転雑費補償，家賃減収補償，営業補償など多岐にわたる。 補償額は，補償コンサルタントによる建物現況調査や営業調査等を踏まえて，実態に応じて算定される場合が多い。

2　従後資産の評価

⑴　従後資産評価の基本的な事項

都市再開発法第110条の全員同意型権利変換を除き，従後資産の評価額は，都市再開発法第81条，都市再開発法施行令第28条および同令第46条等により，事業原価以上かつ評価基準日における時価を超えない範囲とすることが規定されており，原価が時価より高い場合は，時価で決定される。

評価基準日は，従前資産評価と同じく事業認可の公告のあった日から31日目とされているが，評価基準日において従後資産は現実に存在しないため，当該時点における計画建物を前提として，竣工後の想定資産の評価を行うことになる。

なお，実務上は事業原価をもって権利床価格を決定することが多い（図表９－８）。

⑵　事業原価の算定

都市再開発事業における事業原価は，土地と建物のそれぞれについて，事業

図表9－8　土地・建物の事業原価の算定イメージ

土地		建物	
従前資産 土地価格	土地に帰属する事業費 （土地整備費，補償費・事務費・金利等の配分額等）	従前資産 建物価格	建物に帰属する事業費 （調査・設計計画費，建築工事費，補償費・事務費・金利等の配分額等）
補助金のうち 土地への 配分額	**土地の事業原価**	補助金のうち 建物への 配分額	**建物の事業原価**

費と従前資産評価額の合計から補助金を控除することによって算定される。

土地の事業原価は，（イ）従前資産土地価格のほか，（ロ）土地整備費，（ハ）補償費・事務費・金利等の事業費のうち土地への配分額を加算し，土地への補助金配分額を控除することにより算定する。

同様に建物の事業原価は，（ニ）従前資産建物価格のほか，（ホ）調査・設計計画費，建築工事費，（ヘ）補償費・事務費・金利等の事業費のうち建物への配分額を加算し，建物への補助金配分額を控除して算定する。

なお，補償費・事務費・金利等の事業費および補助金の土地・建物への配分割合については，土地・建物のそれぞれに帰属する事業費の割合等を参考に，個別に調整を行うことが多い。

事業原価に基づき各専有部分の価額を求める場合には，土地の事業原価および建物の事業原価をそれぞれ各専有部分に配分し，両者を合算して求める。土地の事業原価は地価配分比率を用いて各専有部分に配分する。

建物については専有部分の用途，面積別に想定した建築費（用途別の建築費実績額が入手可能である場合には，当該実績額）を採用して配分を行う。

なお，地価配分比率とは，後述する階層別・位置別の効用比から建物帰属効用比を控除する等して算定され，従後資産の時価評価において計算されている場合には，当該査定値を準用することが多い。

(3) 従後資産の時価評価

都市再開発法において評価に関する規定がないことから，従後資産の時価評価においては，通常は不動産鑑定評価が用いられる。

具体的には，各権利者の専有部分の時価を算定する場合，従後資産建物の専有部分の用途ごとに基準区画を設定して評価額（単価）を求め，階層別・位置別の効用比および専有面積を乗じることにより各専有部分の評価額を決定する。その際，対象となる専有部分の面積が過小あるいは過大なケースなど，別途，個別的要因を反映する必要がある場合がある点に留意する。

① 基準区画の評価

基準区画の評価額を求めるにあたっては，不動産鑑定評価基準において図表９－９の３手法が定められている。

不動産鑑定評価の実務上は，主な市場参加者が自己使用目的と考えられる場合には原価法および取引事例比較法を，収益物件としての取得需要が中心になると認められる場合には取引事例比較法および収益還元法を重視して，基準区

図表９－９　基準区画の評価額の算定手法

算定手法	概　要
原価法	土地，建物および付帯費用の再調達原価合計額に耐用年数等に基づく減価修正を加えた一棟の建物の積算価格に対し，基準区画に係る配分割合（効用比）を乗じる。
取引事例比較法	基準区画と同一用途の区分所有建物の取引事例に基づき，取引価格に補修正を行う。
収益還元法（直接還元法，DCF法）	直接還元法では，基準区画から期待される単年の純収益を還元利回りで除する。 DCF法においては，５～10年程度の保有期間を設定し，保有期間各年の純収益の現在価値および保有期間満了後における復帰価格（想定売却価格）の現在価値を合計する。

画の評価額を決定することが一般的である。

② 従後資産建物の効用比

(i) 階層別効用比

階層別効用比とは，ある建物の基準となる階における単位面積当たりの経済価値を100とした場合の各階の経済価値の割合を表すもので，一般的に，商業施設であれば1階の路面店舗の効用比が高く，上層階になるほど顧客の回遊性が劣るため効用比が低くなる傾向がある。

逆にマンション等の居住用建物であれば，上層階になるほど眺望や居住の快適性が増すために効用比が大きくなることが一般的である。

(ii) 位置別効用比

位置別効用比とは，同一フロアの基準区画における単位面積当たりの経済価値を100とした場合の区画別の経済価値の割合を表すもので，商業施設であれば，通常エントランス付近やメイン通路に面する区画の効用比が高く，奥まった区画の効用比は低くなる。マンション等の居住用建物であれば，一般的に南向き住戸の効用比が最も高く，東向き，西向き，北向きの順に効用比が低くなる。

③ 専有部分の評価

図表9－10の建物において，用途ごとの階層別効用比および位置別効用比を用いた各対象区画の評価額は以下のとおり算定される。

図表 9 －10　対象区画の評価額の算定

<table>
<tr><th>階層</th><th colspan="5">区画番号・用途・専有面積</th></tr>
<tr><td rowspan="3">5F</td><td>501</td><td>502</td><td>503
（対象区画②）</td><td>504</td><td>505</td></tr>
<tr><td>住居</td><td>住居</td><td>住居</td><td>住居</td><td>住居</td></tr>
<tr><td>50m²</td><td>50m²</td><td>50m²</td><td>50m²</td><td>50m²</td></tr>
<tr><td rowspan="3">4F</td><td>401
（基準区画②）</td><td>402</td><td>403</td><td>404</td><td>405</td></tr>
<tr><td>住居</td><td>住居</td><td>住居</td><td>住居</td><td>住居</td></tr>
<tr><td>50m²</td><td>50m²</td><td>50m²</td><td>50m²</td><td>50m²</td></tr>
<tr><td rowspan="3">3F</td><td colspan="2">301</td><td>302</td><td>303</td><td>304</td></tr>
<tr><td colspan="2">店舗</td><td>住居</td><td>住居</td><td>住居</td></tr>
<tr><td colspan="2">100m²</td><td>50m²</td><td>50m²</td><td>50m²</td></tr>
<tr><td rowspan="3">2F</td><td colspan="2">201</td><td colspan="2">202（対象区画①）</td><td>203</td></tr>
<tr><td colspan="2">店舗</td><td colspan="2">店舗</td><td>店舗</td></tr>
<tr><td colspan="2">100m²</td><td colspan="2">100m²</td><td>50m²</td></tr>
<tr><td rowspan="3">1F</td><td colspan="2">101（基準区画①）</td><td colspan="3">102</td></tr>
<tr><td colspan="2">店舗</td><td colspan="3">店舗</td></tr>
<tr><td colspan="2">100m²</td><td colspan="3">150m²</td></tr>
</table>

【店舗の階層別効用比】

階層	階層別効用比
3F	40
2F	50
1F	100

【2F 店舗の位置別効用比】

区画	位置別効用比
201	100
202	90
203	80

（基準区画の単価を1,000,000円/m²，位置別効用比を100とする）

【住居の階層別効用比】

階層	階層別効用比
5F	102
4F	100
3F	98

【5F住居の位置別効用比】

区画	位置別効用比
501	100
502	102
503	104
504	98
505	96

（基準区画の単価を300,000円/m^2，位置別効用比を100とする）

店舗：対象区画①の評価額

基準区画単価		階層別効用比		位置別効用比		専有面積		評価額
1,000,000円/m^2	×	50/100	×	90/100	×	100m^2	≒	45,000,000円 (450,000円/m^2)

住宅：対象区画②の評価額

基準区画単価		階層別効用比		位置別効用比		専有面積		評価額
300,000円/m^2	×	102/100	×	104/100	×	50m^2	≒	15,900,000円 (318,000円/m^2)

3 第一種市街地再開発事業における資産評価のポイント

第一種市街地再開発事業においては，従前資産の権利者や保留床の取得者など関係者が多岐にわたるため，従前・従後資産の評価を踏まえた関係者間の調整が，事業推進上のポイントになることが多い。したがって，評価を実施する際，あるいは評価書の内容を確認する際には，各々の資産の個別性を適切に把握したうえで，各資産の評価額のバランスに偏りがないか，関係者に対する説得力を有する評価がなされているかといった点に留意することが重要である。

第10章

都市再開発事業に関するその他トピック

本章のポイント

都市再開発事業に関与する場合には，会計，税務，法務以外にも資金調達や環境問題，市場の変化や権利関係の価値，さらには対行政当局対応など様々な点について検討を行わなければならない。本章では，都市再開発事業に関連するその他のトピックや海外における事例等を解説する。

1 都市再開発におけるファイナンス手法

都市再開発におけるファイナンスでは，対象となる開発物件の立地，その用途，事業主体などの要因によって，様々な手法が考えられる。

以下，大都市圏中心部に，オフィスを核として商業施設やホテルを併設した大規模複合施設を開発することを想定して，検討され得るファイナンス手法を概観する。

(1) ファイナンス手法の類型

従来の都市再開発では，大手不動産会社などのデベロッパーが自己資金と自らの信用力に基づく銀行借入で開発を企画・実施し，開発にかかるリスクを取りつつ開発利益やその後の運用収益という果実も得るという，いわゆる「コーポレート・ファイナンス」が主流であった。ところが，昨今，都市再開発の大規模化が進み，これに伴い開発リスクを分散させるためにファイナンス手法も

図表10－1　ファイナンス手法の類型

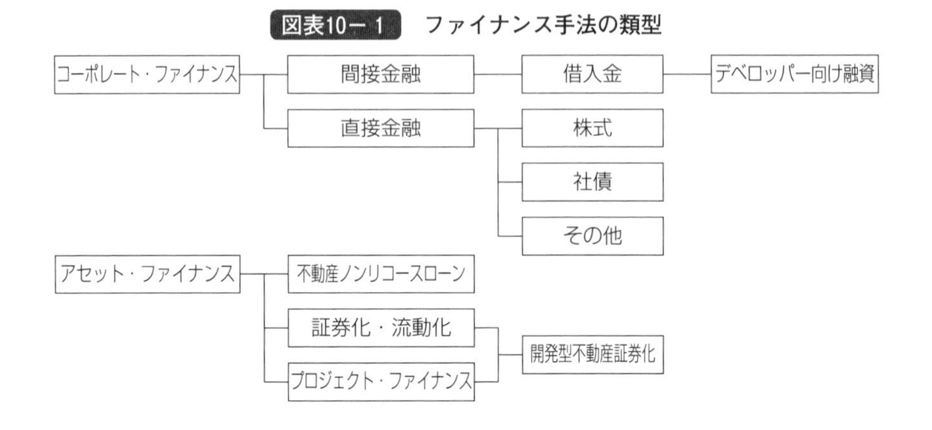

多様化し，いわゆる「アセット・ファイナンス」を使う事例が増加している。

アセット・ファイナンスには様々なスキームが存在するが，都市再開発に使用されるファイナンス手法の１つとして「開発型不動産証券化」が挙げられる。このスキームが採用される背景としては，一社で負担し得るリスク額に限界があること，多額の資金調達を行う必要があること，あるいは複数の利害関係者が存在することといった大規模案件特有の事情が挙げられる。わが国では，森ビル株式会社による六本木ヒルズ（2003年４月開業）の開発が黎明期において広く知られた開発型不動産証券化によるプロジェクトであり，この時に採用されたファイナンス手法がまさに不動産開発案件を対象としたプロジェクト・ファイナンスである。

(2)　プロジェクト・ファイナンスとしての開発型不動産証券化

プロジェクト・ファイナンスとは，特定のプロジェクト（＝事業）を対象に資金を調達し，当該プロジェクトから創出されるキャッシュ・フローを返済原資とし，融資金融機関の担保も当該プロジェクトの資産に限定するというファイナンス手法である。

石油・天然ガス・鉱物などの資源開発，空港・鉄道・道路・発電所，昨今では太陽光・風力などの再生可能エネルギー案件などのインフラ整備，あるいは石油化学などのプラント建設などの大規模なプロジェクトが対象となる。都市再開発自体は1つのプロジェクトであり，開発型不動産証券化はまぎれもなく「プロジェクト・ファイナンス」の一種であるといえる。

開発型不動産証券化は，都市再開発にかかる事業資金を負債（借入金または社債など）や資本性資金（匿名組合出資または優先株式など）の形で融資金融機関や投資家などが提供し，将来創出されるキャッシュ・フローをその返済・償還の裏づけとするという債権の証券化の一種である。通常の不動産証券化がオフィスビルや商業施設など稼働中の不動産を対象とするのに対し，開発型不動産証券化は，これから開発される不動産を対象として，土地の取得代金や建設工事請負代金などの開発資金を，特別目的会社（SPC）などを通じて調達する手法である。

開発型不動産証券化がインフラ資産などを対象としたプロジェクト・ファイナンスと異なる点の1つにキャッシュ・フローの安定性の問題が挙げられる。例えば太陽光発電所の開発に伴うプロジェクト・ファイナンスの場合，返済原資となるキャッシュ・フローの基は発電した電気を売却する売電収入になるが，これは「電気事業者による再生可能エネルギー電気の調達に関する特別措置法」に基づく売電であれば，売電期間20年の収入はほぼ確定可能であり，日照時間や風況などの自然現象に左右されるものの，極端に大きな変動は見込まれない。

一方，不動産賃貸事業の場合，その収入は対象不動産の空室率や賃料の変動に大きく左右される。商業用施設などではテナントの売上に連動する賃料体系を採用しているケースも多く，その場合にはテナントのビジネス，さらには経済動向にも影響を受けることになる。そのため，詳細なデューデリジェンスを実施し，またプロジェクト関係者間の契約を工夫することでリスクを分散し，キャッシュフロー変動リスクを極力低減させる必要がある。

(3)　都市再開発プロジェクトにおけるデューデリジェンスとリスク分散

前項で述べたように，都市再開発プロジェクトを対象としたファイナンスを組成する場合，以下のようなリスクが存在する（図表10－２参照）。

これらのリスクを，プロジェクト関係者間の契約関係で分担し，資金調達の主体である特別目的会社（SPC）が負担するリスクを極小化することが重要である。

なお，ここで述べる「リスク」とは「危険」ではなく「不確実性」，「変動可能性」を意味し，これらをできるだけ排除するためにも，詳細なデューデリジェンスは欠かせない。都市再開発プロジェクトの場合には建築工事着手前に①経済的調査，②法的調査，③物的調査について通常の不動産証券化以上に細心の注意を払って実施することが重要となる。

図表10－２　開発型証券化における主なリスク

事業段階	主なリスク項目	リスク内容
開発準備段階	許認可に係るリスク	開発許認可や建築確認の遅延，不許可等
	近隣リスク	近隣住民による開発計画に対する反対等
	土地に係るリスク	土壌汚染，埋蔵文化財，地盤沈下等
	事業主体（デベロッパー）の倒産リスク	デベロッパーの業績悪化・倒産等
建設段階	完工リスク（建設中断リスク）	建設会社の倒産や業績悪化等による中断や完工不可
	事業費の増加（コストオーバーラン）リスク	建設会社の事由（見積不備等）による事業費の増額
	タイムオーバーランリスク	建設会社の事由による事業期間の長期化
	事故・地震・災害等のリスク	事故・地震・火災・その他の天変地異等
EXIT段階	マーケットリスク	計画どおりの分譲収入や賃料収入が見込めないリスク

（出所）一般社団法人不動産証券化協会会報「ARES」第２号（平成15年３月31日発行）に基づき，筆者作成

(4) アフターコロナ時代のファイナンス

新型コロナウイルス（COVID-19）の感染防止の見地よりテレワークが一層推奨されるようになり，働き方，あるいは働く場所というものに対する認識は変化しつつあるといわれている。

都市再開発のリスクを検討するに際し，経済状況の推移に加え，不動産ユーザー側の不動産利用形態に起因する需要の変化を見通すことは容易ではなく，都市再開発案件にかかるプロジェクト・ファイナンスの取組難易度が上がる可能性もある。その場合には，キャッシュ・フローが安定するまでは従来のコーポレート・ファイナンスを活用する，あるいはアセット・ファイナンスでも，自己資金割合を引き上げるといった工夫も必要になろう。

また，新型コロナウイルス（COVID-19）の流行を契機に，従来の市街地におけるオフィス・商業複合型の開発に加え，郊外において住居や商業施設に加えてサテライトオフィスや医療施設等を併設した物件の開発や，さらにはコミュニティ機能を包括したスマートシティに代表される地域型開発が進むことも予想される。これに伴い，従来型再開発案件とはやや異なるリスクに対応した新たなファイナンス手法も同時に開発されていくだろう。ただ，この場合にも返済・償還原資となるキャッシュ・フローの把握，各種リスク分析とその分散，そして対象となる資産の保全が，ファイナンススキーム検討・立案の基礎となる点はいうまでもない。

2 行政との関わり

人口減少・少子高齢化が進展する中，経済・産業活動の縮小に伴う税収減，社会保障費の増大により，自治体の財政状況はますます逼迫してきている。戦後急速に都市が形作られた日本においては，インフラの更新，維持管理コストの増大も続いており，自然災害の頻発化や被害の甚大化も進んでおり，ハードなまちづくりとソフトな運営の双方の視点が今日の都市経営にとって重要となってきている。

このような状況の中，地域課題の解決や地域活性化の起爆剤ともなる市街地再開発事業がその重要な役割を担うことは明らかである。市街地再開発事業が１つの自治体においてそれほど頻繁に行われる事業でなく，自治体におけるまちづくりの主要な施策と位置づけられている場合が多い。

市街地再開発事業において，自治体は都市計画事業の上位計画の策定者であり，かつ許可権者であり，さらに事業の進捗や運営が適切に実施されていることを指導・監督する立場でもある。一方で，道路や公園，その他の公共施設等を自ら所有し，維持管理する事業主体としての側面も有しており，計画の発意から，中長期的なまちの運営まで常に関わりを持つことになる。ここでは，市街地再開発事業における自治体の関わり方の別に，民間事業者側が留意すべき点について述べる。

⑴　都市計画の運用主体として

1992年と2000年の二度の都市計画法改正により，まちづくりの全体像となるマスタープランを市町村が策定すること（都市計画法18の２），都市計画区域ごとにマスタープランを作成すること（都市計画法６の２），都市再開発の方針は個別に定めること（都市計画法７の２）が規定された。基礎自治体である市町村はまちづくりの全体像を描く主体であるため，全体像との整合性，地域全体とのバランスを意識して市街地再開発事業を捉えている。また，都市計画に留まらないより上位の計画との整合も意識しているため，個別の市街地再開発事業だけでなく，地域全体との関係を踏まえたビジョンのすり合わせを関係者と協働して進める必要がある。

⑵　交付金等の提供者，権利床・保留床取得者として

自治体は公共施設管理者として，公共施設の適正な計画・整備・管理を行う立場も有している。公共施設やインフラ整備のために市街地再開発事業の交付金等を交付する主体でもある。また，自治体が施行区域内に土地を有している

場合には，市街地再開発事業の地権者にもなるわけであり，公共公益施設等を整備・取得する場合には，必要な機能を確保するため，保留床取得者にもなりえる立場となる。市街地再開発事業において，行政からの交付金は事業成否に不可欠な資金であり，行政の協力なしに事業の成功は困難といえよう。そのため，再開発事業を円滑に推進するためには，民間事業者は早期段階から行政との協議を実施し，民間事業者と行政が事業計画を共有しながら事業を推進していくことが必要不可欠となる。

(3)　オブザーバーとして

市街地再開発事業においては，複数の利害の衝突する関係者が存在する。そのため，単に行政手続を進めるだけでなく，議会や庁内部局の調整，周辺住民とのつなぎ役等の調整役の一部を自治体が担うことが期待されている。また，施行地区内の関係権利者からは，公正公平な立場から事業のオブザーバーとしての役割を求められる場合もある。民間事業者，組合等が表の主役となる中，自治体は黒子として，オブザーバーとして事業に関与することになる。したがって，このような場合，民間事業者はオブザーバーとしての行政の調整事項について，丁寧に対応することが必要であり，場合によっては関係者に直接説明を行ったり，あるいはオブザーバーの意見に従い事業計画を修正するなど，再開発事業を円滑に推進するための方策を検討する必要がある。

(4)　監督者として

一方，長期間にわたる再開発事業が様々なリスクを回避しながら最後まで遂行されるために，都市再開発法では，都道府県知事または市町村長は再開発組合等に対し，事業の促進を図るために必要な報告，勧告，助言（都再法124），技術的援助（都再法129），費用の補助（都再法122），資金の融通（都再法123）等を行うことができるとともに，事業の現況その他の事情により組合等の事業継続が困難となるおそれがある場合には，是正の要求（都再法126），監督等（都再法124，125）の検査，処分を行うことができることを定めている。

それによっても，なお事業の遂行の確保を図ることができないときは，都道府県知事は事業代行（都再法98）の開始を決定することとし，その後は事業代行者によって事業の遂行を図ることとしている。このような状況にならないように，民間事業者，行政は再開発事業を取り巻くリスクをできる限り洗い出し，リスクへの対応について事前に共有しておくことが必要不可欠となる。

(5) 民間事業者側が留意すべき点

今まで述べてきたとおり，再開発事業における行政の関わり方はその役割によって非常に複雑であり，特に，初動期から都市計画決定に至る過程では，担当部署とのやり取りはもちろんのこと，自治体の他部署や関係官庁等の多数の協議先と多岐にわたる協議が必要となる。一方，担当部署とそれ以外の他部署では，再開発事業に対する理解や重要性の認識が異なる場合もあるため，まずは他部署との調整役を担うことにもなる再開発担当部署と情報や課題を共有し，コミュニケーションを充実させ，相互理解による信頼関係を構築することが最も重要であると考える。

また，市街地再開発事業は短くても５年，長いと10年以上にも及ぶ長期の事業期間となるため，自治体では２，３年ごとの人事異動により担当者が頻繁に入れ替わることは避けて通れない。事業が長期にわたる性質上，自治体に市街地再開発事業に精通した職員が事業完了時までいることは稀である。特に他部署においては微に入り細に入り権利者との調整状況のすべてが適切に引き継がれているとは限らないため，協議内容についてはその都度記録し，一定の期間ごとに経緯や流れなどを整理し，見える化し，共有することなども，長期に及ぶプロジェクトを成功させるうえで留意すべき点と考えられる。

民間事業者にとって，自治体は交渉相手という側面はもちろんあるが，同じテーブルを囲む同志でもある。首長や議会の関心も高い市街地再開発事業は自治体にとっても重要度の高い事業であるため，適切な距離を保ちつつ，地域をともによくするパートナーとして事業を進めることが求められる。

3 再開発事業における土壌汚染リスク

(1) 再開発事業と土壌汚染

再開発事業における土壌汚染問題としては，国内有数の公設卸売市場であった築地市場移転先の再開発事例が記憶に新しい。2001年に築地市場の移転候補地として決定された場所ではかつてガス工場が操業しており，同地から環境基準を超えるベンゼンやヒ素といった有害物質が検出された。新設市場は2016年5月に完成し，同年11月の完全移転・開業が予定されていたが，対策工事に対する懸念から開場が延期され，追加の対策工事を経て，ようやく2018年10月に開場するに至った。「食の安全」といった言葉がクローズアップされ，800億円を超える対策費用，対策工事の方法と環境リスクのコントロールといった諸々の問題点が浮き彫りになった事例であった。

この築地市場移転先の事例にもみられるように，再開発事業は事業期間が長期に及ぶことが多く，また，土地や建物の所有者のみならず，再開発事業の施行者や再開発施設の新規取得者といった関与者も多岐にわたる。そのため，土壌汚染を含む環境リスクが検出された場合には，その対策費用の取扱いに関する合意形成が必要となり，対策費用の増大および再開発事業のスケジュール遅延といった影響を考慮に入れると，土壌汚染の範囲と影響の程度を早期に把握

図表10－3　再開発事業の主な土壌汚染事例

東北大雨宮キャンパス跡地の再開発計画	大学の跡地に商業施設の再開発が予定されていたが，2017年10月に土壌の一部から土壌汚染対策法の基準値を上回る水銀，鉛，ヒ素が検出された。土壌改良工事を経たのち，2018年12月に売却手続が完了した。
大宮駅西口第3-B地区市街地再開発事業	2019年11月，JR大宮駅西口の再開発区域の一部から，土壌汚染対策法の基準値を上回る水銀と鉛が検出された。住民への健康被害が及ばぬように被覆処理が予定されている。

することが重要となる。

特に都市再開発法に基づく市街地再開発事業として再開発が行われる場合，土地所有者にとっては，自らが負担することになる費用の把握が市街地再開発事業への参加の可否を決定する要素の1つであり，施行者にとっても，市街地再開発事業の途中で顕在化した土壌汚染は，保留床の規模やその処分計画に影響を及ぼしかねない。

(2) 土壌汚染調査

土壌汚染の調査手続には，土壌汚染対策法に基づいて実施される義務調査と，土地の所有者等が自主的に実施する自主調査がある。一般社団法人土壌環境センター公表の「土壌汚染状況調査・対策に関する実態調査結果」によれば，2018年に実施された調査の約82％は自主調査として実施されている。また，同年の自主調査件数4,538件に対し，自主対策件数が809件であることから，自主調査の結果を受けて何らかの対策が必要と判断されたケースも決して少なくないことがわかる。再開発事業の推進にあたり，地中の埋設物や周辺の施設，過去の地歴に留意し，自主調査の実施を慎重に検討することが求められる。

また，土壌汚染対策法は人為的な原因に基づく汚染のみならず，自然由来の汚染も規制の対象となるため，周囲の地域における土壌に係る情報をあらかじめ入手することも望ましい。

土壌汚染対策法によれば，義務調査は以下のケースで必要となる。

① 有害物質使用特定施設に係る工場または事業場の使用を廃止する場合（法第3条）

② 3,000m^{2}以上の土地または有害物質使用特定施設がある900m^{2}以上の土地の掘削等の土地の形質の変更を行おうとする場合で，届け出を受けた都道府県知事は，その土地が特定有害物質に汚染されているおそれがあると認めた場合（法第4条）

③ 都道府県知事が，土壌汚染により人の健康被害が生ずるおそれがある

と認めた場合（法第５条）

また，土壌汚染対策法に加えて自治体独自に規制を定めている場合もある。例えば，東京都は「都民の健康と安全を確保する環境に関する条例」において，土壌汚染対策法第４条よりも厳しい面積要件を定めている。したがって，事業地のある自治体にどのような規制が設けられているのかについて留意が必要である。

土壌汚染の状況を把握するための調査は以下の３つのフェーズに分けて実施される。

①　フェーズ１調査

主に地歴調査と呼ばれ，過去の地図や航空写真といった資料を収集して対象土地の使用履歴を調べ，汚染可能性の有無を机上で調査する。加えて，現地踏査および関係者へのヒアリングを行うケースもある。

②　フェーズ２調査

フェーズ１調査により土壌汚染の可能性が認められた場合，対象土地の土壌ガスや表層土壌のサンプルを採取して分析し，改めて汚染の有無およびその平面的な分布を調査する。フェーズ２調査と呼ばれるこの調査では，対象となる土地を方眼状に区切り，各地点からサンプルを採取して成分を分析する。一般的には土壌汚染対策法で定められている特定有害物質の有無を調べるが，毒性を有するダイオキシン類や油類も調査対象に加える場合もある。

③　フェーズ３調査

フェーズ２調査で土壌汚染の平面的な範囲を特定したのち，具体的に拡散防止工事や浄化工事を実施するために必要な情報を収集するフェーズ３調査を実施する。フェーズ３調査では地下を含む汚染の立体的な範囲を調べ，併せて地盤や地下水に関する情報を得るために，地下深部へのボーリング調査などが行われる。

この詳細調査を受けて，汚染対策手法（例：封じ込めに留めるのか，掘削除去を行うのか，原位置浄化を行うのか等）やこれに伴う費用が検討されることになる。

(3) 土壌汚染が判明した場合の対応

土壌汚染が判明した場合に必要となる対策費用は，除去や措置の方法によって異なり，汚染の範囲や深度，地下水の状況によって規模も様々である。対策費用の高額化は，処分や再利用ができずに放置されている土地が増加する一因になっているともいわれている。首都圏や関西圏といった大都市では，比較的工事金額が嵩むものの完全除去可能な掘削除去工事が採用されることが多いが，事業規模が小さい再開発や地方都市における再開発では，その費用の捻出が困難な場合もある。

土壌汚染の除去に係る責任は一義的には汚染の原因者にあると考えられるが，中には原因者の特定が困難であったり，原因者の資力では必要な対策費用を負担することが困難な場合もある。一定の条件を満たす必要はあるが，国からの補助等を原資とする土壌汚染対策基金（以下「基金」という。）と都道府県等から助成金を得る仕組みも設けられている。

基金は国からの補助および産業界等の寄付から賄われており，管理は指定支援法人である公益財団法人日本環境協会が行っている。基金からの助成額は「助成事業により都道府県等が助成する額の２/３の額または当該助成の対象となる対策費用の１/２の額のいずれか低い額以内」とされ，都道府県等負担の助成額と併せて支援が行われる。再開発事業において土壌汚染対策を行う場合にはこれらの制度の活用も念頭に置く必要があろう。

(4) 再開発事業における土壌汚染への対応

2003年に土壌汚染対策法が施行されて以来，環境面で潜在的なリスクが存在するかどうかを調べる環境デューデリジェンスと呼ばれる手続きが企業買収や不動産取引に際して行われることはすでに一般化しており，利害関係者が多岐にわたる再開発事業においても，リスクの大小にかかわらず，土壌汚染調査を含む環境デューデリジェンスは必ず実施されるべき手続きである。

都市再開発事業においては，土壌汚染リスクは汚染の現状や影響，汚染対策といった科学的な側面に加え，資産の有効活用や地域経済の活性化といった社会的側面からも総合的に検討されるべきテーマである。再開発事業において土壌汚染が疑われる場合，多面的な検討を行い，事業関係者のみならず地域への効用が高い対応手法を取る必要があろう。

例えば，潜在的な土壌汚染への対応について，経済的に負担の大きい汚染の完全除去といった手法だけでなく，原位置浄化や封じ込め等といった汚染を適切にコントロールする手法も検討することで，再開発事業の事業性や実現性についてより柔軟に検証することができるようになるだろう。

4 環境・社会・ガバナンス（ESG）への取組み

(1) ESGとは

ESGとは，環境（Environment），社会（Society），企業統治（Governance）の頭文字をとったもので，企業の長期的な成長においてこの３つの観点が重要とされ，近年，企業の投資概念として注目されている。都市再開発においてもESGは事業自体の持続可能性という見地から事業計画に大きな影響を与える要因として捉えられるようになってきている。

このESGという考え方は，世界の環境問題や社会的課題を民間資金の活用により解決し，持続可能な社会（サスティナビリティ）を実現することを目的として，2006年に国連が責任投資原則（PRI：Principles for Responsible Investment）において明文化し，提唱したことを契機とし，世界中の投資家等に広がっている。

ESGを重要視する投資家は従来の企業投資と異なり，投資先企業の定量的な

図表10－4　「PRIが掲げる社会的課題の例」

環境（Environment）	気候変動，水資源，温室効果ガス，プラスチック廃棄と環境汚染　など
社会（Society）	人権，労働環境，強制労働，紛争　など
企業統治（Governance）	役員報酬，汚職，賄賂，租税回避　など

（出所）PRI

財務情報のみならず，ビジネスにおけるESGならびに持続可能な開発目標（SDGs：Sustainable Development Goals）などに対する取組みをも考慮し，投融資を判断する。そのため，投資を受ける企業側においてはESG，SDGsを意識したビジネスを行い，その実績を公表することにより，ESGを重要視する投資家からの資金調達が容易となるエコシステムが世界的な潮流となりつつある。PRIによると，2021年２月末時点で全世界におけるPRIへの署名機関数は欧米を中心に3,700を超えている。

(2)　日本の投資市場におけるESG投資の動向

日本においてESGの概念が広まったのは，2015年に年金積立金管理運用独立行政法人（GPIF）がPRIへ署名したことがきっかけといわれ，PRIによると2021年２月時点において90機関が署名している。

一方，金融庁は2020年３月に改訂した日本版スチュワードシップ・コード（責任ある機関投資家の諸原則）内において，機関投資家に対し，運用戦略策定に際してESG要素を含むサスティナビリティを考慮することを求めている。

スチュワードシップ・コードに法的な拘束力はないものの，実質的に金融庁監督下にあるほとんどの機関投資家等はコードを受け入れていると思料され，受入表明をした機関数は金融庁によると2020年12月末時点において293に上る。

(3)　不動産投資市場におけるESG投資の広まり

このように投資家側の投資姿勢の変化に伴い，企業もESG対応の強化を求められるようになっており，その一環として，ESG，SDGsに対する取組方針や実施報告を，ホームページなどで積極的に開示する企業が増加している。

その動きは不動産投資市場においても例外ではなく，例えば不動産デベロッパーなどは，主に「環境」・「社会」の観点から，まちづくり事業等へ関連づけることにより，図表10－５に示すような取組みを公表している。

図表10－５　「不動産開発事業等におけるESGやSDGsに対する取組み例」

課　題		具体的な取組み例
環境	CO_2削減 気候変動	• エネルギー使用量のモニタリングおよび実績値の公表 • コジェネレーションシステムの導入 • 太陽光発電など，再生エネルギーの利用 • 電気自動車充電設備の設置
	水資源	• 中水利用（雨水，排水処理）によるリサイクル • 自動水栓，節水型トイレの設置
	その他	• グリーンボンド（注）による資金調達の実施 （注）　グリーンボンドとは，地球温暖化対策や再生可能エネルギーなど，環境分野への取組みに特化した資金を調達するために発行される債券である。
社会	労働環境	• 建物のバリアフリー化，ユニバーサルデザインの導入 • 保育施設，学童施設等の設置
	防災・BCP機能を備えたまちづくり	• 災害時の帰宅困難者支援（一時退避場所機能） • 新築建物の免振・制震構造化，既存建物の耐震補強 • 道路拡幅，オープンスペースの確保

（出所）　複数の国内大手デベロッパーが公開するESGへの取組み例に基づき，筆者作成

また，2018年３月，国土交通省は不動産投資市場の成長に向けたアクションプランを踏まえ，ESG投資に関する勉強会において以下のような「とりまとめ」を発表し，このような投資の普及促進を行っている。

【テーマ：ESG不動産投資の基盤整備】

- 不動産分野においては，従来の環境負荷の低減への取組みだけでなく，執務環境の改善，知的生産性の向上，優秀な人材確保等の観点から，働く人の健康性，快適性等に優れた不動産への注目が高まっていることから，健康性，快適性等に優れた不動産ストックの普及促進に向けて検討する。
- ESG不動産投資基盤整備にむけた今後の方向性：健康性，快適性等の要素を「見える化」するような，新たな認証制度のあり方を提示したうえで，不動産鑑定評価にも反映させる仕組みを構築する。

（出所）　国土交通省「ESG投資の普及促進に向けた勉強会<最終とりまとめ>(2018年3月28日)」より抜粋

(4)　日本のESG不動産投資における今後の課題と将来性

先行している欧米市場におけるESG投資の状況と比較すると，日本市場は遅れをとっているとはいえ，国外投資家からの投資を呼び込むために，ESG，SDGsを重視した投資の拡大，およびそれに対応した企業経営を要請されるトレンドは強まっていくと思料される。

特に不動産市場においては，(3)で例示したような，環境（E），社会（S）問題等に配慮した持続可能性の高いオフィスや商業施設等への開発投資が増加すると予想される。同時にESG，SDGsビジネスを重視するテナントの入居需要，および物件稼働率の向上も予想されることから，ESG不動産は中長期的な投資対象として信頼性が高まることが期待される。

一方，わが国において，ESG，SDGsのコンセプトに沿った物件開発のさらなる増加を促し，これらへの投資を拡充させるために，解決，整備すべき種々の課題もある。例えば，投資家に向けては，ESG不動産に対する評価基準の確立や投資インデックスの整備等の必要性が挙げられる。投資を受ける不動産開発業者間においては，ESG，SDGsへの取組みに対する意識に温度差があり，開示情報に開差がみられる。

今後，ESG，SDGsに沿った物件開発を行った場合，その取組みを投資家に開示し，投資を受けやすくなるというメリットを浸透させるとともに，取組情報の開示方法および開示すべき情報の格差の統一などが必要であろう。

また，中長期的には，ESG開発物件事例やその投資パフォーマンス実績を蓄積し公開するなどの情報整備を充実させることで，ESG不動産投資への信頼性は一層，高まるものと考えられる。これらの取組みが進めば，都市再開発事業においても資金調達や事業運営面の優位性を考慮して一層のESGやSDGsを考慮した取組みが進むことが期待されよう。

5　海外の再開発事例

社会構造の変化に対応した都市環境をどのように整備すべきか，衰退した地域経済をどのように活性化すべきか，といった問題は日本のみならず世界中の都市が直面している問題であり，不動産再開発事業はその有力な解決策として海外でも様々な規模の案件が取り組まれている。ここではオーストラリアおよび米国において近年実施されている大規模再開発案件について紹介する。

(1)　オーストラリア――Barangaroo（バランガルー）再開発プロジェクト

Barangarooはシドニーのビジネス中心街区北西方に位置するウォーターフロントエリアで，現在（2021年1月現在），敷地規模22haに及ぶエリアで総事業費60億豪ドル超の再開発事業が進められている。Barangarooは1900年代半ばまでシドニーにおける主要な海運拠点の1つとして，主に貨物倉庫やコンテナターミナルとして利用されていたが，貨物船の大型化や積荷の大規模化が進む一方で，鉄道貨物輸送網の整備ができなかったことから港湾施設としての処理能力に問題が生じ，このため1900年代後半以降，商業港として衰退の道をたどった。

2003年，低利用にとどまるBarangarooエリアの状況に鑑み，ニューサウスウェールズ州政府（以下「NSW政府」という。）は当該エリアで再開発事業を行うことを決定し，2007年には再開発コンセプトプランが発表された。再開発エリアはBarangaroo South，Barangaroo ReserveおよびCentral Barangarooの３つのエリアに区分され，Barangaroo SouthおよびBarangaroo ReserveについてはLendlease Groupが，Central BarangarooについてはAqualandが事業者として選定され，各エリアで再開発事業が進められた。

Barangaroo Southは再開発エリア南側の約7.7haを占めるエリアで，オフィスを中心に住居，店舗，公共施設およびホテルの開発が進められ，2015年から2016年にかけてオープンした３棟の複合商業ビル，International Towers Sydneyが特徴的で，当該開発に伴い約27万m^2のオフィススペース，約80戸の店舗および約900戸の住居が新たに供給された。カジノ等を含む６つ星ホテル，Crown Sydney Hotel Resortは現在建設中であり，2021年のオープンが予定されている。Barangaroo Reserveは再開発エリアの北側に位置するエリアで，再開発により遊歩道，サイクリングロード，展望台およびイベントスペース等を含む緑豊かな公園が整備された。2015年にすでに一般公開されており，地域住民等の憩いの場として地域環境の向上に寄与している。

Central BarangarooはBarangaroo SouthおよびBarangaroo Reserveの中間に位置するエリアで，過半のエリアが公園や公共スペースとして整備される計画となっている。このエリアでは低層住宅および店舗ビルに加え，地下鉄新駅の開発が同時に進められており2024年の事業完了が見込まれている。

Barangaroo再開発プロジェクトの完了に伴い約2.3万人の新たな雇用創出，年間約20億豪ドルの地域経済への貢献が見込まれており，都市環境を整備しつつ，不動産の高度利用により地域経済の活性化が図られた再開発プロジェクトといえる。

(2) 米国――Hudson Yards（ハドソンヤード）再開発プロジェクト

Hudson Yards再開発プロジェクトはニューヨーク・マンハッタンのミッドタウンウェストで進行中の複合用途型の再開発事業で，米国史上最大規模の民間不動産再開発事業として注目を集めており，現在，米国およびカナダの大手不動産デベロッパーであるRelated CompaniesおよびOxford Properties Groupの主導のもと再開発事業が進められている。

Hudson Yards再開発エリアは鉄道車両基地や倉庫等として利用されていたエリアで，長きにわたりマンハッタンの工業地帯として位置づけられていた。最終的に開催には至らなかったものの，ニューヨークオリンピックのメインスタジアム建設候補地として注目を浴びたことを契機として不動産開発業者等の開発意欲が高まり，2005年にニューヨーク市議会がこのエリアの区画整備を承認したことを受け，再開発事業が実施されることになった。

Hudson Yards再開発プロジェクトの中心である敷地規模約11haのエリアは，Metropolitan Transportation Authorityが鉄道車両基地として利用していたエリアで，当該鉄道車両基地の上部に構築された人工地盤上で再開発事業が進められている点は構造的な面においてユニークといえる。

Hudson Yards再開発事業はEastern YardおよびWestern Yardの２つのフェーズに分けられ，先行して事業が進められたEastern Yard（フェーズ１）の開発事業が2021年１月現在において概ね完工を迎えている。Western Yardを含む再開発事業全体の実施により，延床面積約100万m^2の５棟の最新鋭の超高層オフィスビル，100以上のショップ・レストラン，約4,000戸の住居，文化施設，約６haに及ぶ公共スペース，200室超を備えた高級ホテル等が新たに供給される予定で，事業完了後は約5.5万人の雇用創出と年間５億米ドルの市税収入に対する貢献が期待されている。

(3) 最後に

再開発事業では利害関係者が多岐にわたるケースも多く，再開発事業の完了に至るまでの各段階において利害関係者間の利益や負担，権利関係等について様々な調整プロセスが生じることが一般的である。

上記で紹介した事例のうち，オーストラリアのBarangaroo（バランガルー）においては土地を，米国のHudson Yards（ハドソンヤード）では操車場上部の空中権（土地上の空間を利用する権利）を再開発事業者がリースし，再開発事業が実施されており，土地所有者および事業者双方とも負担する開発リスク等に応じた収益配分が図られている。両事例とも，従前からの街並みのイメージを一新し，地域の再生を目指した再開発事例といえる。

世界の都市の抱える問題は様々で，再開発事業に関連する法制度等も異なるが，再開発事業を成功に導くためには，各利害関係者間の利益と負担のバランスを保ちつつ，問題解決および目標達成に向けたゴール設定を行うことが鍵になるという点は共通しているといえよう。

6 スマートシティ

(1) スマートシティとは

都市再開発においてスマートシティは近年１つのキーワードとなっており，外観的なイメージが先行しているものの，実は，その定義はあまり明確ではない。

国土交通省都市局によれば，「都市の抱える諸課題に対して，ICT等の新技術を活用しつつ，マネジメント（計画，整備，管理・運営等）が行われ，全体最適化が図られる持続可能な都市または地区を『スマートシティ』と定義する」としている。そして，スマートシティの目的として，国土交通省が2019年６月４日に開催した「スマートシティ推進フォーラム～Society5.0時代の都市・地域づくりへ～」において，「都市に住む人のQOL（Quality of Life）の向上がスマートシティの目指すべき目的であり，持続可能な取組みとしていくためには，“都市のどの課題を解決するのか？”，“何のために技術を使うのか？”を常に問いかけ，まちづくりの明確なビジョンを持った上での取組みとすることが必要」とするコメントがあり，スマートシティの目的は「QOLの向上」としている。

一方，経済産業省は，「太陽光や風力など再生可能エネルギーを最大限活用し，一方で，エネルギーの消費を最小限に抑えていく社会が必要であり，それを実現するのが家庭やビル，交通システムをITネットワークでつなげ，地域でエネルギーを有効活用する次世代の社会システム」として「スマート・コミュニティ」という概念を定義しているが，これはエネルギー政策を監督する政府機関である経済産業省ならではの，エネルギー政策の視点に立脚したものであるといえる。

図表10－6　スマートシティのアーキテクチャ全体像

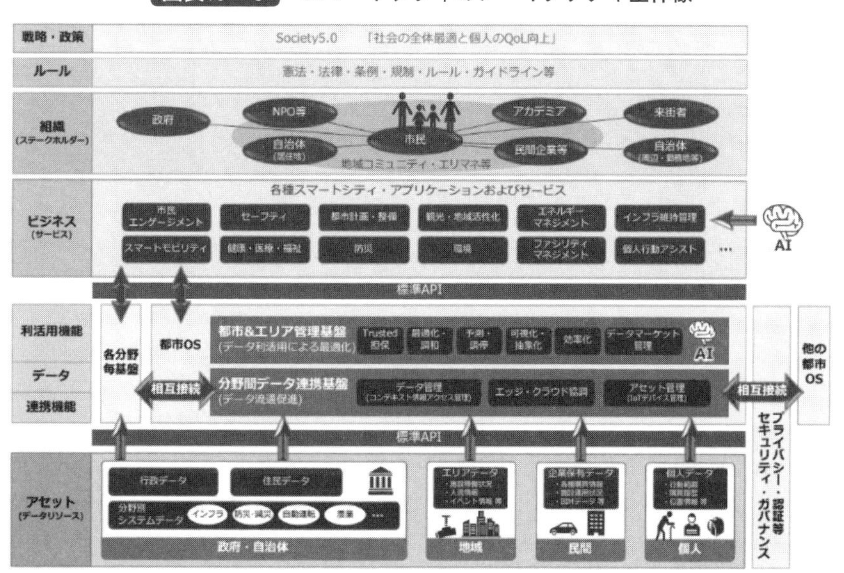

（出所）　一般社団法人産業競争力懇談会（COCN）2019年度プロジェクト中間報告「デジタルスマートシティの構築」（2019年10月）

現時点では，産業競争力懇談会が2018年から2019年にかけて行ったプロジェクトの報告書における以下の定義がスマートシティの概念をよく表しているものと考えられる。

- スマートシティの戦略・政策＝社会の全体最適と個人のQOL向上
- スマートシティとは＝その戦略・政策を実現するための各種サービス・アプリケーションが実装された都市

様々な定義，政府・企業等の取組みや事業例を総括すると，スマートシティの“スマート”とは，①市民生活の利便性・快適性の向上，②持続可能性（環境への配慮，安心・安全，経済循環，自立など）の追求，および③サービスや事業の時間的あるいは資源的効率化と考えることができよう。

(2) スマートシティの類型

スマートシティの概念や定義は刻々と変化しているが，現時点では，エネルギー，モビリティおよび生活・サービスの３つのファクターが個別に，あるいは複合的にスマート化している，すなわち合理的かつ健全に高度化している都市・地域を指すと整理できる。

① エネルギー

1970年代のオイルショック以来，資源が乏しいわが国は省エネルギーに慣れ親しんできており，2010年頃から始まったスマートシティへの取組みにおいても，エネルギーのスマート化，すなわち電力を中心としたエネルギーの効率的利用を主眼とした取組みが先行してきた（「スマートシティ」と同義で「エコシティ」という言葉もしばしば用いられた。）。21世紀に入り世界的に低炭素社会を目指すことがコンセンサスとなり，同時に再生可能エネルギー技術の進歩とともに導入が急速に進んだことから，IT技術を活用し再生可能エネルギーを中心に低炭素で高効率なエネルギー利用を促進するエネルギーマネジメントシステム（EMS）やスマートグリッド・マイクログリッド，またビルマネジメントシステム（BEMS）などを組み合わせたまちづくりが多く進められるようになった。

エネルギーのスマート化を目的とした開発事例としては，以下のプロジェクトがある。

(i)　天津エコシティ（中国）
2007年からシンガポール政府・中国政府が共同で開発を行っているスマートシティ。エネルギーの効率的利用などを促進し都市レベルで環境改善を目指す。計画に遅れは見られるものの政府主導により現在10万人以上が居住し，企業の集積もみられる。
(ii)　マスダール（アブダビ，UAE）
2006年から建設が始まった「二酸化炭素排出ゼロ」を目指す実験都市。100メガワットを超える太陽光発電施設や電気自動車による公共交通などが整備され，将来的には定住人口４万人，通勤通学の昼間人口５万人を擁する規模となる計画。
(iii)　コペンハーゲン（デンマーク）
デンマークは日本同様にオイルショック以来，環境や省エネルギーに対する意識は高かったが，2013年にコペンハーゲン市が「CPH 2025 Climate Plan」（2025年までに世界初のカーボンニュートラルな首都になることを目指すことなどを掲げた気候計画）を作成，実行。再生エネルギーの積極導入をはじめ様々な施策を実行しており2014年には欧州グリーン首都賞を受賞。

②　モビリティ

物理的な人・モノの移動は，いかにIT技術が進んでもバーチャル化できないものであり，従来は個別の移動ニーズに従って移動手段の選択がなされていた。公共交通機関が発達し選択肢が多様な先進国の大都市においても，いわゆる「ラスト・ワンマイル」と呼ばれる，出発地から公共交通機関までのアクセスと，公共交通機関から最終目的地までのアクセスにおいては，徒歩かタクシーくらいしか選択肢がない場合が多く，全行程を考慮した場合の移動手段として自家用車が消去法的に選択されることも多くあった。

2010年代中盤になって米系企業によるライドシェアが急速に普及し，また同時期にカーシェア，サイクルシェアといった個人利用可能な乗り物を短時間レンタルするサービスが台頭してきたことに伴い，前記「ラスト・ワンマイル」における選択肢が多様になった。これらの新たに利用可能となった多様なサービスと，従来から利用されている公共交通機関や自家用車などを「都市」という範囲において連携させ，一連の「移動」（モビリティ）という概念の中で一体的に利用できるよう実装しようというのが「スマート・モビリティ」あるいは「モビリティのスマート化」をコンセプトとしたスマートシティである。

MaaS（Mobility as a Service：サービスとしてのモビリティ）という概念もまだ定義が明確に確立しているものではないが，国土交通省によれば「ICTを活用して交通をクラウド化し，公共交通か否か，またその運営主体にかかわらず，マイカー以外のすべての交通手段によるモビリティ（移動）を１つのサービスとしてとらえ，シームレスにつなぐ新たな「移動」の概念」とされており，まさにこのMaaSが実装された都市こそが「モビリティがスマート化されている」といえるであろう。モビリティのスマート化を目的とした開発事例としては，以下のプロジェクトがある。

(i)　ヘルシンキ（フィンランド）
「Whim」というMaaSサービスが2018年より実用化され，電車やバスのほか，タクシー，バイクシェアなどユーザーがスマホアプリを提示するだけで，交通手段を検索し利用できる。「自家用車を持たなくてよい社会」の実現を目指す。
(ii)　コロンバス（オハイオ州，USA）
スマートシティ・チャレンジというコンテストで「Smart Columbus」というコンセプトで優勝し，2017年からモビリティのスマート化を軸としたスマートシティへの変革を目指し種々施策を実施中。

③　生活・サービス

国土交通省が2019年８月に取りまとめた「スマートシティの実現に向けて【中間とりまとめ】」においても言及されているとおり，近年のスマートシティの取組みは，エネルギーや交通（モビリティ）だけでなく，環境，医療・健康，教育，あるいは防災など複数の分野に幅広く取り組む「分野横断型」のものが増えてきている。2015年に国連サミットで採択された「持続可能な開発のための2030アジェンダ」で掲げられた17の課題に対し，都市として総合的に（あるいはできる限り広く）解決を目指すという「課題解決型」のスマートシティの取組みに進化してきているといえる。

生活・サービスに着目した開発事例としては，以下のプロジェクトがある。

(i)　トロント（カナダ）
2017年より，米Google社の子会社Sidewalk Labs社がトロント市とともに，データの利活用を中心に住宅やオフィス，モビリティシステム等を整備する都市開発計画を推進（※2020年５月，コロナ禍を理由にSidewalk Labs社は計画からの撤退を表明）。
(ii)　ダラス（テキサス州，USA）
トヨタ自動車や米AT&T社などが組成する「ダラス・イノベーション・アライアンス」にて2016年より複合的なスマートシティの取組みを推進。5Gの高速通信を軸に，モビリティ，環境やインフラ，安全，政府サービスなど様々な側面の向上・改善を図る。

(3)　スマートシティを実現する技術

国土交通省の「スマートシティの実現に向けて【中間とりまとめ】」によれば，スマートシティ関連企業等へのヒアリングにおいて，以下の３項目が「スマートシティを実現するための主要な技術」であるとされている。

①　通信ネットワークとセンシング技術：IoT，5Gや高精度の画像センサ，位置情報システムなど
②　分析・予測技術：AI，ビッグデータ解析技術等
③　データの可視化技術：静的解析だけでなく動的解析・表示を行える技術，ブロックチェーンなどの認証技術等

筆者はこれら３項目に加え，以下の技術もスマートシティの実現において重要であると考えている。

④　モビリティ技術：自動運転をはじめとした「CASE（Connected, Autonomous/Automated, Shared, Electric）」
⑤　エネルギー関連技術：スマートグリッド，分散電源等

スマートシティのトレンドは「エネルギー」→「モビリティ」→「生活・サービス」全般へと変化してきている。これはおそらく，エネルギー関連技術が先行して実用化され，次いでモビリティ関連技術が近年急速に発達してきたためであり，その先に通信・センシング・AIなどより汎用性の高い技術の発達と応用によって分野横断的なスマートシティへと進化してきているものと考えられる。

今後も日進月歩で技術は進化していくものと思われるが，技術がスマートシティを進化させてきたとともに，スマートシティのニーズもまた技術の進化を促してきたという側面もあろう。今後のスマートシティの取組みにおいても，最先端技術の把握と理解は常に必要不可欠であろう。

(4)　スマートシティの課題と今後の展望

QOLを向上させ，より大きな社会便益をもたらすことを目的としたスマートシティであるが，近年，以下のような課題も指摘されている。

①　監視社会，データの独占・寡占

スマートシティは大量のデータを取得し処理・分析することで様々なサービスの効率化や快適さを実現しようとするが，そのデータの取得・管理においてプライバシー，データの独占・寡占が常に問題とされている。

②　技術の高度化・複雑化と安全性への懸念

スマートシティが高度化するためには，ハード面・ソフト面で高度で複雑な技術が必要となるが，それに伴い故障時や不具合発生時の対応も複雑化・専門化され，影響・トラブルが大きくなるといった課題がある。また，そのように

高度化・複雑化された技術であるがゆえに安全性の確保も高度な技術と大きな費用が必要となり，ハッカー対策などは慎重かつ十分な対応が継続的に必要となってくる。

③　コスト負担と受益者

スマートシティは本質的にはビルや街区単位ではなく，より広範囲な地域での最適化・効率化・快適化により社会全体の最適化を目指すものとすれば，その開発・実現には大きな投資が長期間にわたり必要となる。一方で，多様な個人，団体が受益者となり，投資コストや各種サービスには明確な受益者負担とならない場合も少なくない。そのため，先行する初期投資に対しては公的資金が投入されるケースも多いが，納税者からは「他の行政サービスに優先してスマートシティ整備を進める必要があるのか」，「費用対効果は妥当であるのか」といった批判もある。「スマートシティは不要不急」という議論に対し合理的な説明が求められる。

2010年頃から広く概念として認知され，様々な取組みが進められ，その内容も進化を続けるスマートシティであるが，上記のような課題も徐々に明らかになってきている。本書で取り扱う都市再開発においても，住民をはじめとした多様なステークホルダー間の合理的かつ透明性を保った合意形成はそのプロセスを含めて極めて重要であるが，都市再開発においてスマートシティ化をテーマとする場合は，そのメリットや理念・戦略とともに，上記のような課題にも十分配慮して案件を推進することが必要となってくると思われる。

7　働き方改革と再開発事業

(1)　働き方改革

少子高齢化に伴う生産年齢人口の減少が進むわが国において，政府は多様な働き方を選択できる社会の実現を目指し，「働き方改革」を推進している。

2018年には「働き方改革を推進するための関係法律の整備に関する法律」，いわゆる働き方改革関連法が成立し，従来とは異なる働き方が今後さらに拡大していくことが予想される。都市圏における再開発事業は労働の物理的拠点たるオフィスを核に計画される場合が多く，その意味で今後の再開発事業のあり方は働き方改革の進展と無縁ではない。

働き方改革関連法の成立を機に，企業はより多様かつ柔軟性のある労働環境を整備することが求められているが，これらがわが国の企業が抱える経営課題と直結しているという点は重要である。事業活動に不可欠な人材，特に若年層の人材確保は企業における喫緊の課題となっている。シービーアールイー株式会社「オフィス利用に関するテナント意識調査レポート2019　～オフィスワーカーのためのこれからのワークプレイスとは～」によれば，テナントが想定するリスク要因として最も高い回答割合は「人材の確保」である。これは，「コストの増大（人件費）」や「経済の不確実性」をも上回っており，「人材の確保」が企業にとっていかに大きな課題であるかがうかがえる。企業が働きやすい環境を整備し，従業員の満足度を向上させることは，優秀かつ多様性がある労働力を獲得し，成長を続けるためにも極めて重要である。

ワークライフバランスを重視した働き方や，育児や介護と仕事の両立など，働き手のニーズも多様化している。今後，企業は多様な働き方に対応した取組みを行っていく必要がある。

⑵　オフィスの変化

働き方改革の進展に伴い，働く場であるオフィスのあり方にも変化が生じている。例えば，従来の固定席を廃止し，在社している社員が業務状況に応じて空いている席や共用執務スペースを自由に使うフリーアドレスを導入する企業が増加している。フリーアドレスはテレワークやフレックスタイムといった非従来型の勤務形態に適合しているだけではなく，企業にとっても，社員全員分の固定席を用意する必要がないため使用オフィス面積を抑制することができるというメリットがある。さらに，フリーアドレスによって生じた空スペースを共用のカフェやラウンジ等として活用することで，社員満足度を向上させ，部署を超えて社内コミュニケーションの活性化を図ることができる。

また，異なる企業の社員が同じ執務スペースを共有するシェアオフィス（コワーキングスペース）も増加している。シェアオフィスは，当初は大きな事務所スペースを必要としないスタートアップ企業やIT企業，個人事業者が賃料負担の少ない執務スペースとして活用していたが，技術革新が進む中でIT企業との新たな協業を模索する従来型の企業も異業種とのコミュニケーションの場として注目するようになっている。2018年には米国の大手シェアオフィス運営会社が日本で事業を開始し，日本の不動産会社の間でも独自のシェアオフィス事業を展開するといった動きが広がりつつある。

従来，オフィス選定の際には，立地やビルのスペックといった物理的な面が重視されてきたが，働き方改革の進展に伴い，物理的な面だけでなく，多様な働き方への対応，従業員の満足度向上や生産性の向上等も重視されるようになっている点も見逃せない。2019年に残業時間の上限規制が法制化され，限られた時間の中で高い成果を出すことが企業にとって重要課題となっているなか，今後は，従業員の満足度を高め，仕事に対するモチベーションや業務効率性・生産性を向上させるようなオフィス環境が一層求められるようになるだろう。

近年，大都市圏中心部では再開発事業が活発に行われており，大規模オフィスビルの竣工が相次いでいる。これらのオフィスビルにおいても，フレキシビリティの高いオフィス空間の整備，シェアオフィスの設置，仕事の合間のリフレッシュや憩いの場の創設等，デベロッパー各社による工夫がみられる。図表10－７は近年再開発されたビルの竣工時に設置（計画を含む。）されているシェアオフィスの例である。

図表10－7　シェアオフィスの例

ビル名	竣工年	シェアオフィス等
大手町パークビルディング	2017年	サービス機能付小規模オフィス「The Premier Floor Otemachi」
Otemachi One	2020年	法人向けシェアオフィス「ワークスタイリング」(2021年開業予定)
虎ノ門ヒルズビジネスタワー	2020年	インキュベーションセンター「ARCH」
東京ワールドゲート	2020年	シェアオフィス「WeWork」

(出所)　デベロッパー各社HP，プレスリリース等

(3)　これからのオフィスのあり方

働き方改革の進展に伴いオフィスのあり方は着実に変化してきているが，2020年初めからの新型コロナウイルス（COVID-19）の感染拡大により，その動きは加速している。

新型コロナウイルス（COVID-19）の感染拡大防止のため，政府によりテレワークが推奨され，予期せずして働き方の見直し・改革を迫られる企業が増加した。テレワークの導入拡大に伴い，「契約書等押印が必要な取引の見直し」，「社内での承認手続の変更」，「ICT（情報通信技術）環境の整備」，「従業員間のコミュニケーション不足の解消」といった，様々な課題が議論されるようになっている。今後は大企業を中心に，決裁手続の電子化やICT環境の整備といった動きが進み，こうした課題の一部は徐々に解決に向かうと推測されるが，従業員の生産性向上，働き方への満足度といった課題にも，同時に対処していくことが求められるだろう。

テレワーク導入を機に，従来の一体型大規模オフィスを見直し，労働制度を含む社内人事制度の改革と併せてサテライトオフィスの拡充や機能別拠点の創設といった取組みを行う企業も増えていくことが予想される。今後，オフィスのあり方に関する議論はより活発になり，オフィスに求められる役割はこれま

で以上に多様化していくだろう。再開発事業に際しても，働き手が気持ちよく過ごせるオフィス，ワークスタイルに合わせたフレキシビリティの高いオフィス，リフレッシュ空間の充実等，多様なニーズを取り込んだオフィスの計画が一層重要になると予想される。

【執筆者紹介】

第１章，第９章，第10章担当

<EYストラテジー・アンド・コンサルティング株式会社>

山田　聡

パートナー。2000年にEYグループに参画し，2005年より不動産・ローンアドバイザリーグループのリーダーを務めている。国内外の不動産投資にかかるフィージビリティスタディやデューディリジェンスに加え，M&Aや事業再編時における不動産関連のアドバイザリー業務も数多く手がけている。

熊井　豊

パートナー。2014年にEYグループに参画し，2018年よりインフラストラクチャーアドバイザリーグループのリーダーを務めている。国内外のインフラ投資（再生可能発電事業，及び空港・道路等のコンセッション事業）にかかるM&A，プロジェクトファイナンスによる資金調達に関するアドバイザリー業務を数多く手がけている。

広門　進

アソシエイトパートナー。調査研究，コンサルティング，投資ファンド組成・運用，コーポレートリアルエステート（CRE）など，様々な角度から不動産関連業務に約30年間従事した後，2019年にEYに参画し，CRE関連アドバイザリーを担当している。日本不動産学会正会員。

平井　清司

不動産鑑定士　アソシエイトパートナー。市街地再開発事業に関するアドバイザリー，不動産鑑定評価，機械設備等の動産評価，環境デューディリジェンス，空港や地方公社等の民営化関連アドバイザリー，商業施設等に関するフィージビリティスタディ等を従事。

木村耕平，水野恭行，船木義仁，原裕揮，山中高志，大島崇，James Gibson，吉野春菜，前川奈津子，中山亮志

EY新日本有限責任監査法人

三枝健二，酒見和裕

第２章担当

EY弁護士法人

津曲　貴裕

弁護士。パートナー。2017年にEY弁護士法人に参画し，数々の主要な日系企業及び海外企業に対し，M&A，事業提携，不動産案件，ストラクチャードファイナンス，再エネ事業等にかかる助言をするとともに，訴訟，オーナー企業の事業承継，相続対策，その他企業法務全般に関して数多くの案件を手がけている。

第３章～第８章担当

EY新日本有限責任監査法人

[執筆者]

新居　幹也

公認会計士。パートナー。不動産会社，J-REIT，IT企業等の監査業務のほか，不動産テック企業等の数多くの株式上場支援業務に従事。

新田　浩史

公認会計士。シニアマネージャー。不動産会社，J-REIT，製造業等の監査，アドバイザリー業務に従事。

田中　裕樹

公認会計士。不動産セクターナレッジ職員サブリーダー。シニアマネージャー。不動産会社，J-REIT，不動産ファンド等の監査，アドバイザリー業務に従事。不動産証券化協会（ARES）コンバージェンスWGメンバー。

川村　晃一

公認会計士。シニアマネージャー。不動産会社，J-REIT，製造業等の監査，株式上場支援業務，会計アドバイザリー業務等に従事。

荒木　隆志

公認会計士。不動産セクターナレッジ職員リーダー。シニアマネージャー。不動産会社，建設会社等の監査，内部統制助言業務，アドバイザリー業務に従事。

EY税理士法人

戸出　亜希子

GCR部所属アソシエイトパートナー。J-REIT，外資系不動産ファンド，大手不動産会社等の税務申告・税務アドバイザー業務に関与。

遠藤　幸代

税理士。シニアマネージャー。J-REIT，外資系不動産ファンド等のストラクチャード・ファイナンス，大手不動産会社等の税務申告・税務アドバイザリー業務に従事。外資系企業の税務サービスにも多数関与。

松田　万也

税理士。マネージャー。J-REIT，不動産・建設セクターに対する税務コンプライアンス及び税務コンサルティングサービスに関与。

【総合編集】

小島　亘司

公認会計士。不動産セクターナレッジリーダー。パートナー。不動産業，ホテル業，運輸業，建設業，J-REIT等の不動産ファンドの監査業務，会計助言業務に従事。日本公認会計士協会ファンド対応専門委員。

齋木　夏生

公認会計士・不動産鑑定士。不動産セクターナレッジサブリーダー。パートナー。不動産会社，J-REIT等の不動産ファンドの監査業務に長年従事するとともに，IFRSや米国会計基準に基づく監査業務にも関与。不動産投資スキームや不動産評価に関する専門的知見も有する。

【編者紹介】

EY | Assurance | Tax | Strategy and Transactions | Consulting

EY新日本有限責任監査法人について

EY新日本有限責任監査法人は，EYの日本におけるメンバーファームであり，監査および保証業務を中心に，アドバイザリーサービスなどを提供しています。詳しくはshinnihon.or.jpをご覧ください。

EYについて

EYは，アシュアランス，税務，ストラテジー，トランザクションおよびコンサルティングにおける世界的なリーダーです。私たちの深い洞察と高品質なサービスは，世界中の資本市場や経済活動に信頼をもたらします。私たちはさまざまなステークホルダーの期待に応えるチームを率いるリーダーを生み出していきます。そうすることで，構成員，クライアント，そして地域社会のために，より良い社会の構築に貢献します。

EYとは，アーンスト・アンド・ヤング・グローバル・リミテッドのグローバルネットワークであり，単体，もしくは複数のメンバーファームを指し，各メンバーファームは法的に独立した組織です。アーンスト・アンド・ヤング・グローバル・リミテッドは，英国の保証有限責任会社であり，顧客サービスは提供していません。EYによる個人情報の取得・利用の方法や，データ保護に関する法令により個人情報の主体が有する権利については，ey.com/privacyをご確認ください。EYについて詳しくは，ey.comをご覧ください。

ey.com/ja_jp

都市再開発の法律・会計・税務・権利変換の評価

2021年５月１日　第１版第１刷発行
2024年５月30日　第１版第５刷発行

編　者　EY新日本有限責任監査法人
EY税理士法人
EYストラテジー・アンド・コンサルティング株式会社
EY弁護士法人

発行者　山本継
発行所　㈱中央経済社
発売元　㈱中央経済グループパブリッシング

〒101-0051　東京都千代田区神田神保町1-35
電話　03（3293）3371（編集代表）
03（3293）3381（営業代表）
https://www.chuokeizai.co.jp
印刷／昭和情報プロセス㈱
製本／㈲井上製本所

＊頁の「欠落」や「順序違い」などがありましたらお取り替えいたしますので発売元までご送付ください。（送料小社負担）

ISBN978-4-502-37291-9　C3034